BIBLIOTHÈQUE DES ÉCOLES NORMALES

Publiée sous la Direction de FÉLIX MARTEL

Inspecteur général de l'Instruction publique.

LEÇONS
DE CHIMIE

PAR

PAUL POIRÉ et A. TANQUEREY

PARIS

LIBRAIRIE CH. DELAGRAVE

15, RUE SOUFFLOT

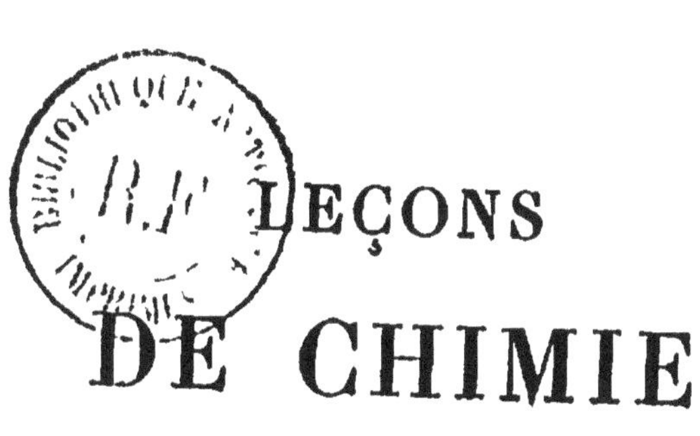

LEÇONS

DE CHIMIE

BIBLIOTHÈQUE DES ÉCOLES NORMALES

Publiée sous la Direction de FÉLIX MARTEL

Inspecteur général de l'Instruction publique

LEÇONS
DE CHIMIE

OUVRAGE RÉDIGÉ

Conformément aux programmes officiels du 4 août 1905

PAR

PAUL POIRÉ

ET

A. TANQUEREY

Professeur à l'École normale d'Instituteurs de la Loire-Inférieure.

PARIS

LIBRAIRIE CH. DELAGRAVE

15, RUE SOUFFLOT, 15

LEÇONS
DE CHIMIE

LIVRE PREMIER

CHAPITRE PREMIER

Matériel du laboratoire.

1. La préparation de la plupart des corps de la chimie, ainsi que l'étude expérimentale des réactions chimiques, se fait au moyen *d'appareils* dont nous allons étudier et apprendre à réunir les diverses parties.

Nous nous occuperons seulement des appareils simples qu'on emploie dans l'étude de la chimie élémentaire, tels que ceux qu'on utilise dans un laboratoire d'école normale, ou qu'un instituteur peut monter, pour son enseignement, à l'école primaire, avec le matériel restreint dont il dispose.

Les parties principales qui composent les appareils destinés à la préparation des gaz sont : des ballons, des flacons, des bouchons, des tubes de verre et des tubes de caoutchouc.

2. **Ballons.** — Un ballon est un vase en verre, de forme sphérique, surmonté d'un col. On trouve dans le commerce des ballons de diverses grandeurs, qu'on

évalue par le poids de l'eau qu'ils peuvent contenir : ainsi l'on dit qu'un ballon est de 250 grammes, quand le poids de l'eau qui le remplit est de 250 grammes. Le nombre précédent représente donc aussi la capacité du ballon en centimètres cubes.

3. Flacons. — Les flacons employés dans les laboratoires sont en verre blanc; on évalue leur capacité comme celle d'un ballon.

On se sert souvent de flacons à deux ou trois *tubulures*, chacune de ces tubulures étant destinée à recevoir un bouchon; mais on peut toujours remplacer ces flacons par un flacon ordinaire, à la condition d'employer des bouchons à deux ou trois trous.

4. Bouchons. — Les bouchons ordinairement employés sont en caoutchouc vulcanisé; les grosseurs sont représentées par des numéros d'autant plus élevés que le diamètre du bouchon est plus petit.

On n'employait autrefois, pour le montage des appareils de chimie, que des bouchons de liège, et l'on s'en sert encore aujourd'hui, à défaut de bouchons de caoutchouc. Les bouchons de liège ont l'inconvénient d'avoir une durée très limitée, de demander, pour leur préparation, un temps assez long, et de ne supprimer que difficilement les suites.

Voici comment se fait le travail des bouchons de liège. Soit à fermer un flacon ou un ballon avec un bouchon de liège à un trou : on choisit un bouchon de bonne qualité et de diamètre un peu supérieur à celui du goulot; on l'assouplit d'abord, en donnant sur toute sa surface de légers coups de marteau, ou simplement en le roulant sur la table, sous une faible pression de la lime; puis, avec une râpe à bois, on use régulièrement le bouchon sur son pourtour, en lui donnant une forme légèrement conique; quand le diamètre voulu est à peu près atteint, on termine le travail avec une lime douce.

Pour percer le trou, on se sert d'une lime ronde et pointue, appelée *queue-de-rat*, qu'on fait pénétrer dans le bouchon, suivant son axe, en la tournant comme on ferait avec un tire-bouchon. De temps en temps, on retire la lime sans la tourner, et l'on donne au trou le diamètre voulu en en râpant le pourtour intérieur avec la partie ronde de la lime. Le trou doit être d'un diamètre tel qu'on éprouve une légère difficulté pour enfoncer le tube qui doit le traverser. Le liège se trouve ainsi comprimé au contact du tube, ce qui empêche les fuites.

On pourrait encore percer un bouchon en y enfonçant une tige de fer de diamètre convenable, rougie au feu. Ce procédé demande moins de temps que l'emploi de la lime; mais il se produit souvent des fuites entre le tube et le bouchon dans les trous préparés de la sorte.

5. **Tubes de verre.** — On trouve dans le commerce des tubes de verre de toutes grosseurs et de toutes formes; mais, pour les tubes ordinairement employés dans le montage des appareils, le plus simple et le plus économique est de se procurer des tubes droits, qui se vendent au kilogramme, et de leur donner soi-même les dimensions et la forme qu'on veut.

Pour *couper* un tube de verre de diamètre ordinaire, on donne, à l'endroit convenable, un trait avec une lime qu'on a préalablement humectée avec la langue; puis, saisissant le tube avec les deux mains placées de chaque côté du trait, on appuie obliquement sur le bord d'une table; le tube se casse nettement.

Si le tube est assez gros, on donne le trait de lime comme précédemment; puis on fait chauffer, jusqu'à fusion, l'extrémité d'un tube effilé qu'on pose à ce moment sur le trait.

Comme les bords de la cassure sont tranchants, ce qui détériorerait les bouchons, il est bon de *border* le tube. C'est ce qu'on fait en tenant, pendant quelques instants, l'extrémité à border dans la partie la plus élevée, qui est aussi la plus chaude, de la flamme d'une lampe à alcool. L'opération se fait plus rapidement si l'on élève la température de cette flamme ou si l'on dispose d'un bec Bunsen (fig. 1) ou d'un autre bec du même genre, dans lesquels la combustion du gaz d'éclairage est activée par un vif courant d'air. On retire le tube lorsque l'extrémité est devenue rouge, et que la flamme se colore en jaune : la partie tranchante s'est alors arrondie en subissant un commencement de fusion.

Fig. 1. — Bec Bunsen.

Pour *couder* un tube de verre, on le ramollit par la chaleur, en employant soit la lampe d'émailleur (fig. 2), soit le bec Bunsen, soit simplement la lampe à alcool ordinaire. Pour que l'opération réussisse, il est nécessaire que le coude formé soit un arc de cercle bien régulier, présentant un développement de 2 à 3 centimètres; si la courbure se fait sur une trop petite longueur, le tube s'aplatit et ne présente qu'une faible résistance. Il est donc nécessaire que le tube soit chauffé sur une longueur au moins égale à celle que doit présenter l'arc de cercle. Pour cela, si la flamme qu'on emploie est pointue, il faut y déplacer le tube, de façon à chauffer régulièrement la partie à couder; si l'on se sert d'une lampe à alcool, il est bon de couvrir la flamme avec un appareil appelé *bec embouti*, qui a la forme d'un godet renversé présentant une fente à sa partie supérieure; la flamme, en passant par cette fente, prend une forme aplatie, ce qui permet de chauffer le tube sur une assez grande longueur.

Tenant le tube à couder par ses deux extrémités, on le place dans la partie supérieure de la flamme en le tournant lentement entre les doigts; quand on sent qu'il est suffisamment ramolli, on le retire de la flamme et l'on ramène l'une vers l'autre ses deux extrémités, de façon que les deux branches fassent entre elles l'angle voulu, qui est ordinairement un angle droit.

Pour *effiler* un tube, on le ramollit comme précédemment et l'on exerce, dans le sens de la longueur, une traction analogue à celle qu'on exercerait sur un fil pour le rompre. Dans la partie chauffée, le tube s'allonge, et son diamètre diminue ; on tranche, d'un trait de lime, la partie la plus mince, et l'on obtient deux tubes effilés.

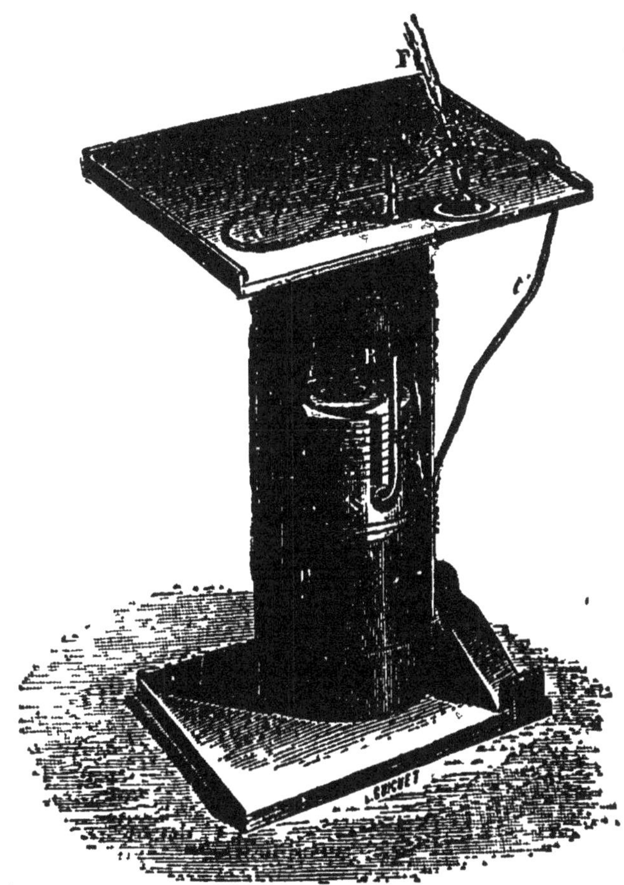

Fig. 2. — Lampe d'émailleur : S, soufflet ; t''', tube par lequel arrive l'air dans le chalumeau ; t', tube par lequel arrive le gaz d'éclairage.

6. Tubes de caoutchouc. — Pour réunir les tubes de verre, on emploie des tubes de caoutchouc vulcanisé. Dans beaucoup de cas, ceux-ci remplacent avantageusement les tubes de verre, car ils peuvent prendre immédiatement telle forme qu'on veut leur donner.

7. Tubes à essais. — On donne ce nom à de petits

tubes en verre de différents diamètres, fermés à l'une de leurs extrémités, et servant à chauffer de faibles quantités de liquide, ou à réaliser diverses réactions. On peut les construire avec des tubes de verre ordinaire; il faut, pour cela, étirer un tube, donner un coup de lime dans la partie rétrécie et chauffer celle-ci jusqu'à fusion; le tube se ferme, et une gouttelette de verre se forme à l'extrémité. Enlever cette gouttelette fondue avec un bout de verre, et, pour égaliser l'épaisseur du fond du tube, souffler légèrement par l'extrémité ouverte.

8. **Éprouvettes.** — Les *éprouvettes* sont des vases en verre ou en cristal. Il y en a de différentes formes (fig. 3) : les éprouvettes à gaz (n° 1) servant à recueillir les gaz ou à les transvaser sur l'eau et sur le mercure; les éprouvettes à pied, graduées et non graduées (n°s 2 et 3), qui servent, soit à contenir

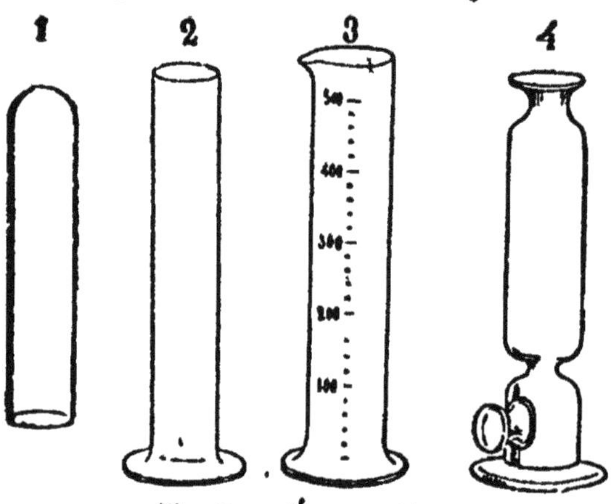

Fig. 3. — Éprouvettes.

des liquides, soit à en mesurer le volume; les éprouvettes à pied tubulées (n° 4), qui entrent dans le montage des appareils de chimie, et servent souvent à contenir des substances desséchantes.

9. **Cornues.** — On désigne sous le nom de *cornues* des vases en verre, en terre, en grès ou en fonte (fig. 4), qu'on emploie dans les laboratoires pour faire des distillations ou pour préparer certains gaz. Dans les expériences ordinaires, les

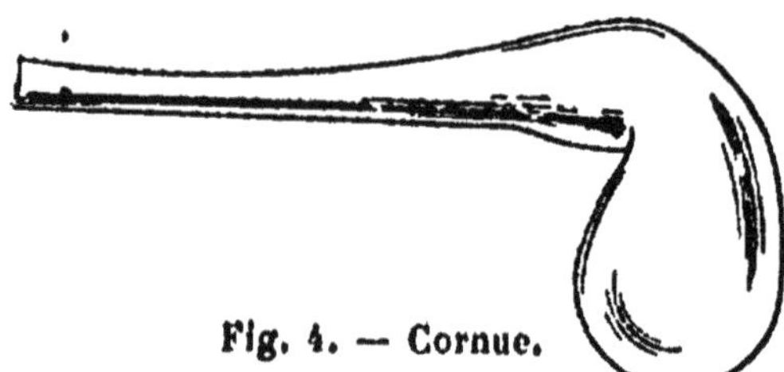

Fig. 4. — Cornue.

ballons peuvent généralement remplacer les cornues.

10. Mortier. — Lorsqu'on veut employer des corps solides dans une expérience, il est souvent nécessaire de les pulvériser au préalable ; on les concasse d'abord grossièrement avec un marteau, puis on les réduit en poudre fine avec un *pilon* qu'on manœuvre dans un *mortier* (fig. 5) ; c'est un récipient en verre, en porcelaine ou même en acier.

Fig. 5. — Mortier.

11. Creuset. — On appelle *creuset* (fig. 6, 7 et 8) un vase en terre, en porcelaine, en fer ou même en platine, qu'on emploie dans les laboratoires et dans l'industrie, pour

Fig. 6.
Creuset en terre.

Fig. 7.
Creuset en platine.

Fig. 8.
Creuset en porcelaine.

porter les substances solides à une haute température, pour les fondre ou les faire réagir les unes sur les autres.

12. Décantation. — Pour séparer un solide pulvérulent du liquide qui le contient, on procède soit par *décantation*, soit par *filtration*.

Pour décanter un liquide, on laisse déposer la poudre au fond du vase, puis on incline celui-ci avec précaution, de manière à faire écouler le liquide sans que la poudre suive. On peut aussi se servir d'un siphon dont la petite branche aboutit à une faible distance du dépôt.

13. Filtration. — Pour filtrer un liquide, on se sert généralement de papier non collé, qu'on place dans un *entonnoir* (fig. 9). On y verse la liqueur à filtrer en la faisant couler le long d'une baguette de verre ou le long des bords intérieurs du filtre, pour éviter que celui-ci ne se crève ; le liquide doit passer clair, et laisser sur le filtre les matières solides.

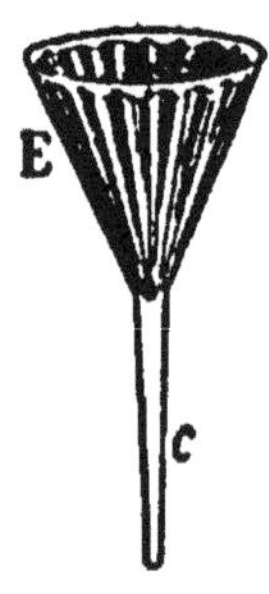

Fig. 9.
Entonnoir
avec son filtre.

Pour fabriquer un filtre, on prend une feuille de papier carrée ou rectangulaire ; on la plie en deux dans le sens de la largeur ; dans le rectangle obtenu, on fait un nouveau pli, pour obtenir le centre de la feuille ; avec le même rectangle et autour du centre, on fait des

Fig. 10. — Fabrication d'un filtre.

petits plis alternativement en dessus et en dessous, puis on régularise le pourtour avec des ciseaux (fig. 10).

14. *Expériences simples.* — Montrer aux élèves les parties les plus importantes qui composent le matériel du laboratoire de chimie, en désignant chacune d'elles par son nom : ballons, cornues, flacons, tubes de verre et de caoutchouc, bouchons, éprouvettes, tubes à essais, verres à expériences, appareils de chauffage tels que fourneaux, becs divers, lampes à alcool, etc.

Préparer des bouchons de liège.

Couper, border, effiler et couder des tubes de verre.

Préparer un filtre (du papier buvard peut suffire).

CHAPITRE II

Indications générales sur le montage des appareils.

15. Préparation des gaz. — On prépare certains gaz en mettant simplement en présence les corps destinés à réagir les uns sur les autres ; cette préparation est dite *à froid*. Pour d'autres gaz, l'influence de la chaleur est indispensable pour provoquer la réaction ; dans ce cas, la préparation se fait *à chaud*.

16. Montage d'un appareil pour la préparation d'un gaz à froid. — Soit à préparer de l'hydrogène, qui

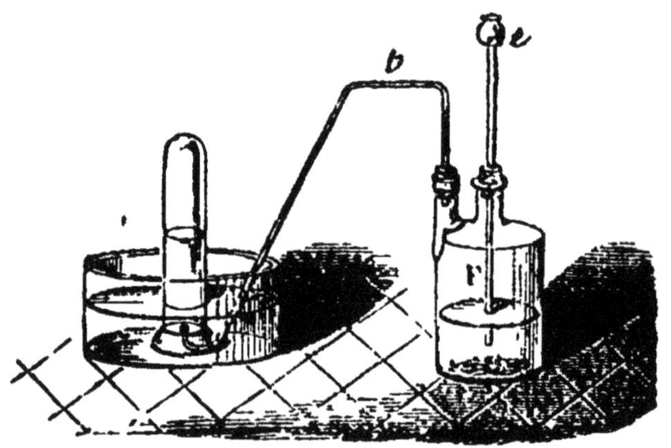

Fig. 11. — Préparation d'un gaz à froid.

s'obtient à froid, par l'action de l'acide sulfurique sur le zinc, en présence de l'eau.

Dans un flacon à deux tubulures (fig. 11), on met du zinc en grenaille et l'on ajoute de l'eau : on ferme les tubulures par des bouchons à un seul trou et traversés, l'un par un tube à entonnoir *e*, l'autre par un tube à dégagément *t*; celui-ci peut être formé d'un tube courbé à angle droit et raccordé, par un tube court de caoutchouc, avec un tube deux fois recourbé, nommé *tube abducteur.*

On peut remplacer le flacon à deux tubulures, dont il vient d'être question, par un flacon ordinaire F (fig. 12) fermé par un bouchon à deux trous dans lesquels passent le tube à dégagement et le tube à entonnoir. Ce dernier peut être composé d'un tube droit ordinaire T, à la partie supérieure duquel on adapte un petit entonnoir E, au moyen d'un raccord en caoutchouc. Au lieu du tube abducteur en verre, on peut employer un tube de caoutchouc terminé par un tube de verre recourbé à angle droit.

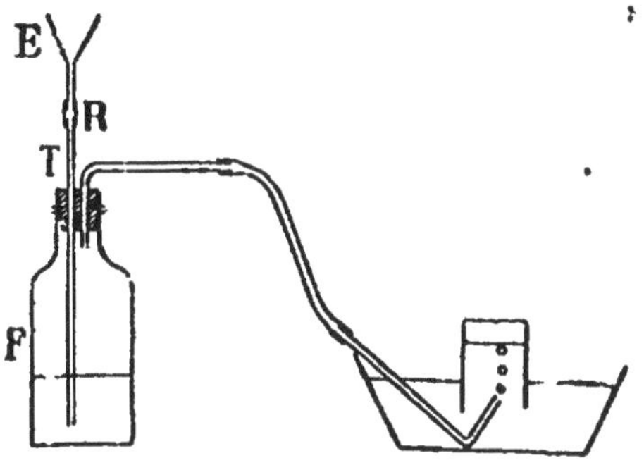

Fig. 12. — Appareil simple pour la préparation de l'hydrogène et, en général, de tous les gaz à froid.

La préparation de tous les gaz à froid se fait, dans les laboratoires, au moyen d'appareils montés comme celui que nous venons de décrire.

Il faut avoir soin de ne verser, par le tube à entonnoir, le liquide destiné à provoquer la réaction, comme l'acide

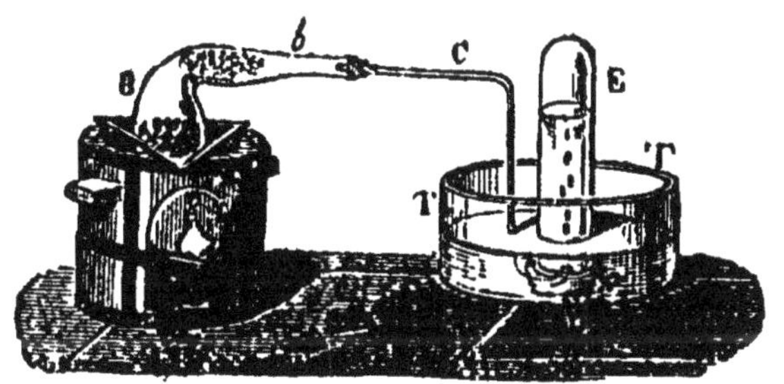

Fig. 13. — Préparation d'un gaz à chaud.

sulfurique dans la préparation de l'hydrogène, que *par petites quantités*, car la température ne tarde pas à s'élever, et le dégagement devient de plus en plus rapide.

17. Montage d'un appareil pour la préparation d'un gaz à chaud. — Lorsqu'un gaz exige, pour sa préparation,

Fig. 14 — Préparation d'un gaz à chaud.

l'intervention de la chaleur, on emploie, soit une cornue (fig. 13), soit un ballon (fig. 14), soit même l'appareil très

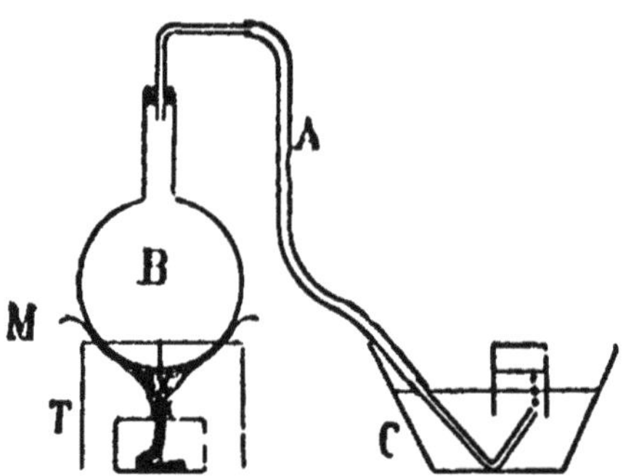

Fig. 15. — Appareil simple pour la préparation de l'oxygène et, en général, des gaz à chaud.

simple représenté par la figure 15, auxquels on adapte un tube à dégagement comme dans l'appareil pour les préparations à froid. On chauffe l'appareil avec un bec de gaz ou une lampe à alcool. On prépare ainsi l'oxygène par la décomposition du chlorate de potassium (28, 1º).

Pour certaines réactions, par exemple pour préparer de l'oxygène par la décomposition du bioxyde de manganèse (28, 2º), on a besoin d'une température plus élevée que celle que peuvent donner un bec de gaz ou une lampe à alcool; dans ce cas, on emploie une cornue en grès, qu'on chauffe dans un fourneau à réverbère (fig. 16).

Ce fourneau se compose d'une partie inférieure C, semblable à un fourneau ordinaire; au-dessus d'elle s'élève une autre partie B, appelée *laboratoire*, qui est recou-

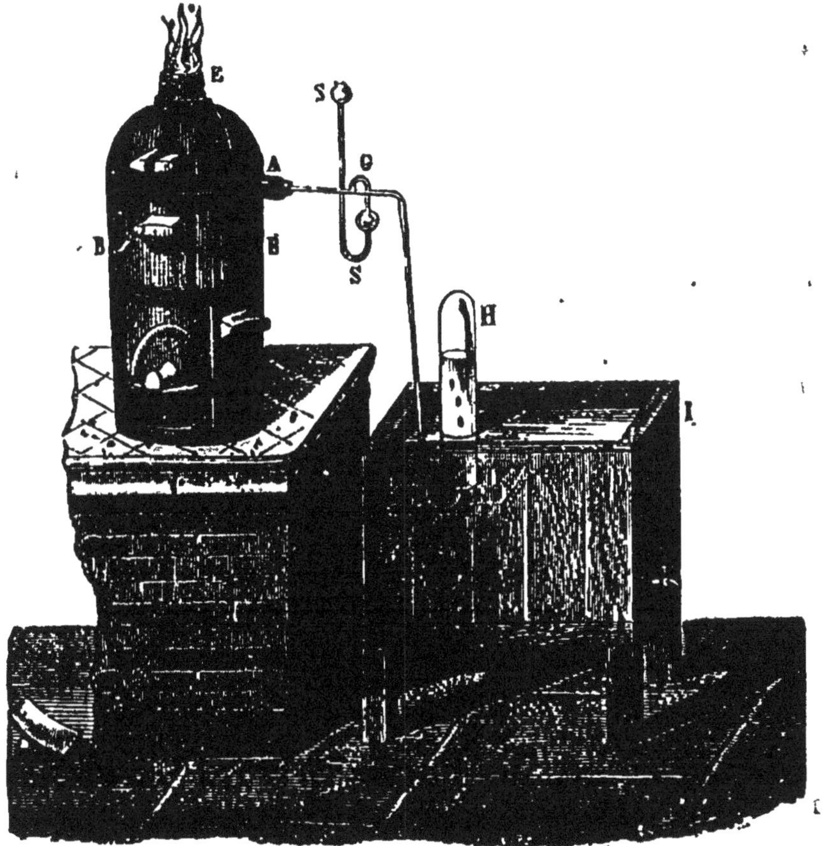

Fig. 16. — Préparation de l'oxygène par le bioxyde de manganèse.

verte d'une voûte fermée qu'on désigne sous le nom de *dôme*. La partie E du dôme peut recevoir un tuyau en tôle, destiné à activer le tirage. La partie C étant remplie de charbon, on place la cornue en B sur une grille que renferme le fourneau, et l'on achève de remplir avec du charbon. Puis on allume à la partie inférieure; la combustion se propage de bas en haut, et la chaleur développée produit la décomposition du bioxyde de manganèse.

18. Comment on recueille les gaz. — Les gaz qui sont peu solubles dans l'eau se recueillent sur la *cuve à eau*; ceux qui sont très solubles dans ce liquide se recueillent ordinairement sur la *cuve à mercure*.

Dans les laboratoires, la cuve à eau est le plus souvent en bois, souvent doublée de plomb à l'intérieur, et a la forme d'un cube ou d'un parallélipipède (fig. 16). Elle porte une planchette K sur laquelle on pose le récipient à remplir; cette planchette est percée d'une ouverture destinée à laisser passer le tube à dégagement.

La cuve à eau peut encore être une terrine ou tout autre vase (fig. 13) qu'on remplit aux trois quarts. On pose ordinairement sur le fond de la terrine un *têt à gaz* (fig. 17), sorte de capsule percée d'une fente sur le côté, et d'un trou au milieu : en *a*, on voit le têt par-dessus; en *b*, on le voit de profil, et *c* le représente tel qu'il repose sur le fond de la terrine, avec le tube à dégagement qui le traverse. Sur le têt à gaz, on pose le vase à remplir, ce qui dispense de le tenir pendant la préparation.

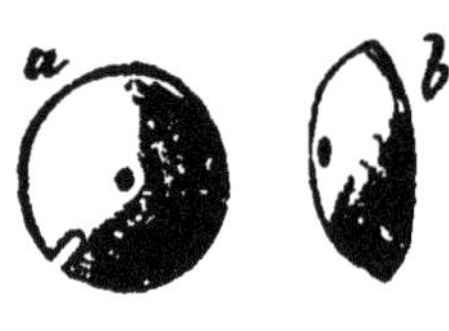

Fig. 17. — Têt à gaz.

On recueille ordinairement le gaz dans des éprouvettes. Pour cela, on commence par plonger l'éprouvette dans l'eau de la cuve, de façon qu'elle se remplisse complètement. On la retourne ensuite, en maintenant l'ouverture sous l'eau, et on la pose sur le têt à gaz. Bien que la partie fermée de l'éprouvette soit hors du liquide, celui-ci la remplit complètement parce qu'il est maintenu par la pression atmosphérique. Les bulles de gaz, en se dégageant, s'élèvent à la partie supérieure de l'éprouvette, et en chassent peu à peu le liquide qui rentre dans la cuve.

Quand l'éprouvette E est pleine de gaz, on introduit d'une main sous l'eau de la cuvette T une soucoupe S (fig. 18); de l'autre main, on soulève l'éprouvette de dessus le têt à gaz, sans en sortir de l'eau la base inférieure, qu'on pose sur la soucoupe; puis on sort de l'eau soucoupe et éprouvette (fig. 19). On a ainsi enlevé l'éprouvette sans permettre à l'air extérieur de se mêler au gaz qu'elle contient. Cela fait, on remplace la première éprouvette par une seconde, et ainsi de suite.

On peut recueillir un gaz dans des flacons, en opérant avec ceux-ci comme on a fait avec une éprouvette; dans le cas où la cuve d'eau ne serait pas assez grande pour permettre de retourner complètement le flacon sous l'eau, on le remplit d'abord complètement de ce liquide, puis on le ferme avec la paume de la main, et on le

Fig. 18.
Procédé pour recueillir les gaz.

Fig. 19.
Éprouvette pleine de gaz.

retourne en plongeant le flacon dans la cuve, de façon que la main et le goulot soient complètement immergés; on retire alors la main, et le flacon reste plein d'eau.

Si le gaz est très soluble dans l'eau, on le recueille sur la cuve à mercure, récipient analogue à la cuve à eau, mais de dimensions plus petites, et rempli de mercure. On opère comme précédemment.

A défaut de cuve à mercure, on peut faire arriver le tube à dégagement dans le fond d'une éprouvette, qu'on tient l'ouverture en bas si le gaz est plus léger que l'air, et l'ouverture en haut s'il est plus lourd que l'air. En se dégageant, le gaz déplace l'air de l'éprouvette qui se trouve bientôt remplie du gaz à recueillir.

On peut encore avoir recours à un procédé que nous allons expliquer, et qui permet d'obtenir le gaz tel qu'il se dégage, en même temps qu'on en fait une dissolution.

19. Dissolution des gaz. — Pour effectuer la dissolution d'un gaz très soluble dans l'eau, on emploie *l'appareil de Woolf* (fig. 20). Cet appareil se compose d'une série de flacons à trois tubulures placés à côté les uns des autres, et portant des tubes reliés par des raccords de caoutchouc. Ces flacons contiennent de l'eau; la tubulure de gauche laisse passer un tube qui plonge dans ce liquide; celle de droite, un tube qui fait communiquer

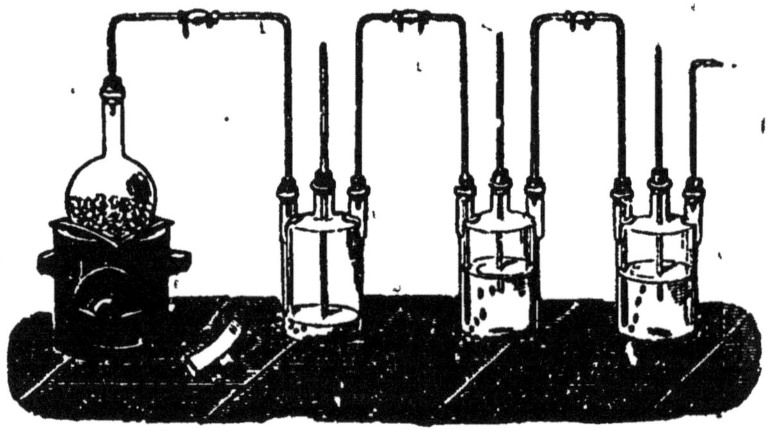

Fig. 20. — Appareil de Woolf pour préparer une dissolution d'un gaz.

l'atmosphère de chaque flacon avec le flacon suivant. Quant à la tubulure du milieu, elle est traversée par un tube droit ouvert aux deux extrémités, et dit : *tube de sûreté;* c'est, en effet, par ce tube que s'échapperaient le liquide et le gaz, si un excès de pression venait à se produire.

On voit que, par cette disposition, le gaz qui se dégage barbote d'abord dans le premier flacon et s'y dissout en partie, que ce qui a échappé à l'action dissolvante de l'eau du premier flacon passe dans le second, et ainsi de suite.

L'emploi du tube de sûreté n'est pas d'une nécessité absolue; aussi peut-on, à la place de flacons à trois tubulures, employer des flacons ordinaires fermés par des bouchons à deux trous et disposés comme l'indique la figure 21. Si l'on met de l'eau dans les flacons B et C et qu'on laisse le flacon A plein d'air, le gaz, en se dégageant, ne tardera pas à prendre la place de l'air en A, en même temps qu'il se dissoudra en B et C.

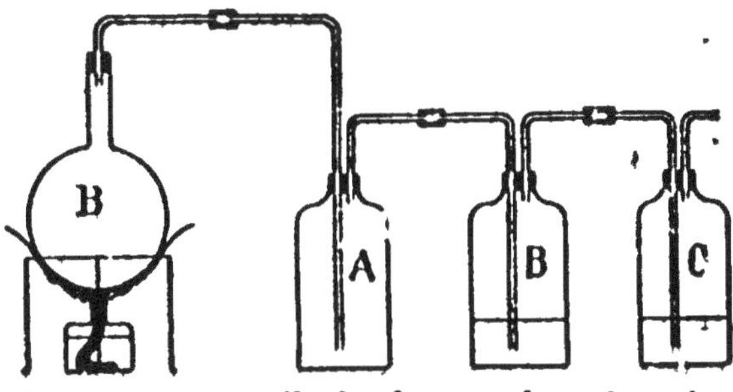

Fig. 21. — Appareil simple pour la préparation des gaz très solubles dans l'eau.

20. Précautions à prendre dans le fonctionnement des appareils de préparation des gaz à chaud. — Le chauffage des ballons, et en général des vases en verre, demande quelques précautions indispensables pour en éviter la rupture; la plus simple consiste à interposer, entre la flamme et le vase de verre à chauffer, une toile métallique. Cependant, si le chauffage doit se faire à feu nu, il est bon de tenir le vase pendant une ou deux minutes au-dessus de la flamme, en le faisant tourner lentement pour en échauffer également toute la surface. S'il contient un liquide, la flamme ne doit jamais dépasser le niveau de celui-ci.

Les flacons et les bouteilles ne doivent jamais être chauffés par contact direct avec une flamme. S'il est nécessaire d'en élever la température, on les plonge dans un liquide qu'on peut chauffer directement; ce procédé est appelé : chauffage au *bain-marie.*

Dans la préparation d'un gaz à chaud, il y a lieu d'éviter un phénomène connu sous le nom d'*absorption*, qui entraîne la rupture du ballon, et peut même, dans certains cas, occasionner des explosions dangereuses.

Considérons l'appareil représenté par la figure 14, dans lequel se dégage un gaz sous l'action de la flamme d'un fourneau à gaz, et supposons qu'à un moment donné on vienne à éteindre la flamme; le gaz contenu dans le ballon, en se refroidissant, possédera une force élastique moindre, et la pression atmosphérique, n'étant plus contrebalancée par une force élastique suffisante, fera monter l'eau de la cuve dans le tube. Cette eau, arrivant froide dans le ballon, en déterminera la rupture et pourra même, en se vaporisant immédiatement, le faire voler en éclats. Le même phénomène se produirait si, avant de retirer le tube à dégagement de la cuve à eau, on enlevait la lampe à alcool, ou si on laissait éteindre le feu d'un fourneau qui chaufferait l'appareil.

Il faut donc, quand la préparation est terminée, ou qu'il y a lieu de l'interrompre, *retirer d'abord le tube à dégagement de la cuve à eau, puis, seulement alors, éteindre le foyer ou l'enlever.*

Pour prévenir l'absorption, on adapte quelquefois du tube à dégagement, un *tube de Welter.*

Sur la branche horizontale du tube abducteur (fig. 16) est soudé un tube deux fois recourbé SSG; la branche SG porte un renflement sphérique, et la branche SS, à son extrémité, un entonnoir S. On verse dans ce tube un peu d'eau, qui sert à isoler de l'atmosphère l'intérieur de l'appareil, et qui est au même niveau dans les deux branches GS, et SS, lorsque l'atmosphère de la cornue est à la pression extérieure. Mais, lorsque la pression intérieure diminue, l'air extérieur refoule l'eau du tube dans le renflement sphérique, et, montant lui-même à travers cette eau, rentre dans la cornue pour y rétablir l'équilibre de pression. Cela suppose évidemment que la branche verticale du tube abducteur est assez longue pour que l'air entre dans l'appareil par SSG avant que la pression atmosphérique y ait poussé l'eau de la cuve.

21. *Expériences simples.* — Consacrer quelques manipulations au travail du verre et des bouchons.

Monter un appareil pour la préparation d'un gaz à froid, et un appareil pour la préparation d'un gaz à chaud. Ces deux appareils resteront montés, pour être utilisés à la leçon suivante.

Montrer comment on recueille un gaz en faisant souffler dans un tube et en recueillant, sur la cuve à eau, l'air qui s'échappe, comme on recueillerait un gaz qui se dégage.

Le maître indiquera les précautions à prendre pour éviter les coupures par le verre, les brûlures provenant d'une flamme ou des liquides chauds et des acides; il indiquera aussi les remèdes à appliquer, en cas d'accidents.

CHAPITRE III

Etude sommaire de quelques corps.

EAU

22. L'eau a été longtemps considérée comme un *élément*; les expériences suivantes montrent qu'elle se décompose facilement en deux corps plus simples, qu'on appelle l'*hydrogène* et l'*oxygène*.

23. **Décomposition de l'eau par la pile.** — On se sert pour cela d'un appareil appelé *voltamètre* (fig. 22). Il se compose d'un verre monté sur un pied Q, dont le fond est traversé par deux lames de platine mises en communication avec deux bornes P et P'. On remplit le verre avec de l'eau qu'on a légèrement acidulée pour la rendre plus conductrice de l'électricité, et l'on met les deux bornes en communication avec les pôles d'une pile. Dès que le courant est établi, les gaz se dégagent contre les lames et, si l'on a eu soin de disposer au-dessus d'elles deux petites éprouvettes, on

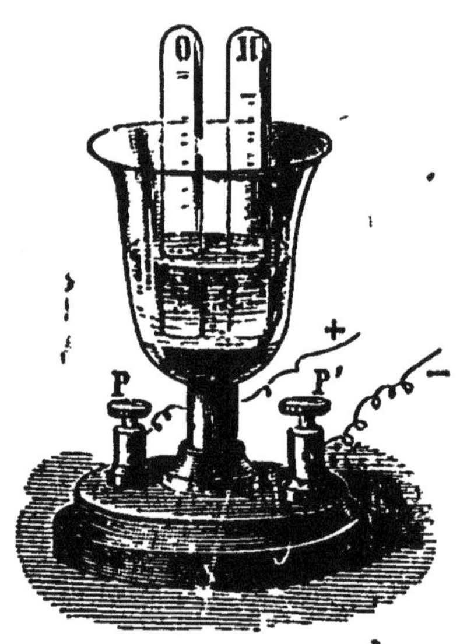

Fig. 22. — Voltamètre.

recueille dans l'éprouvette H, correspondant au pôle négatif, un volume d'hydrogène double du volume d'oxygène recueilli dans l'éprouvette O, correspondant au pôle positif.

On en conclut que l'eau est formée d'hydrogène et d'oxygène, à raison de 2 volumes du premier pour 1 volume du second.

24. Décomposition de l'eau par le fer. — On place un faisceau de fils de fer dans un tube en porcelaine *oò* (fig. 23) qui traverse un fourneau long F; à l'une des extrémités du tube est adaptée une cornue *c* contenant de l'eau et placée sur un fourneau. On fait bouillir l'eau; la vapeur s'engage dans le tube chauffé au rouge, y rencontre le fer qui la décompose en ses éléments, l'hydrogène et

Fig. 23. — Préparation de l'hydrogène par le fer et la vapeur d'eau.

l'oxygène. Ce dernier oxyde le fer et le transforme en oxyde magnétique. Quant à l'hydrogène, il se dégage par le tube abducteur et on le recueille dans des éprouvettes.

Si l'on pèse le faisceau de fils de fer avant et après l'expérience, la différence entre les deux pesées donne le poids de l'oxygène. On peut aussi connaître le poids de l'hydrogène soit en mesurant le volume de ce gaz, soit en pesant la cornue *c* avant et après l'expérience, ce qui fournit le poids de l'eau décomposée. La comparaison de ces poids prouve que l'eau est formée, en poids, de 16 parties d'oxygène et de 2 parties d'hydrogène, autrement dit : 18 grammes d'eau renferment 16 grammes d'oxygène et 2 grammes d'hydrogène.

25. Recomposition de l'eau par l'eudiomètre à mercure. — *L'eudiomètre à mercure* se compose d'un tube en verre O à parois épaisses (fig. 24), dont la partie supérieure porte une monture en fer M se terminant à l'intérieur par une tige en fer *t* : celle-ci aboutit à une petite distance d'une autre tige en fer *c*, qui traverse horizontalement la paroi et doit communiquer avec le sol par l'intermédiaire d'une chaîne métallique *a*.

Remplissons l'appareil de mercure, et faisons-y passer un mélange de 200 volumes d'hydrogène et de 100 volumes d'oxygène (fig. 25). Approchons de M un corps électrisé,

Fig. 24. — Eudio-
mètre à mercure.

Fig. 25. — Synthèse eudiométrique
de l'eau.

comme le plateau d'un électrophore : une étincelle jaillit entre lui et la monture, se reproduit à l'intérieur entre *t* et *c*; un éclair sillonne le mélange, et le mercure monte dans le tube pour remplir le vide laissé par la combinaison des gaz et la condensation de la vapeur d'eau produite. On constate qu'il n'y a point de résidu.

Cette expérience prouve aussi que l'eau se compose

exactement de 2 volumes d'hydrogène combinés à 1 volume d'oxygène.

HYDROGÈNE ET OXYGÈNE

26. L'hydrogène et l'oxygène, qui sont les deux éléments de l'eau, se rencontrent encore dans une foule d'autres corps d'où on peut les extraire par des moyens appropriés : c'est ce que vont nous montrer les expériences suivantes.

27. **Préparation de l'hydrogène.** — Nous avons expliqué (16) comment on prépare à froid l'hydrogène par l'action de l'acide sulfurique sur de la grenaille de zinc, en présence de l'eau ; la figure 11 représente l'appareil employé.

L'acide sulfurique est composé de soufre, d'oxygène et d'hydrogène ; le zinc prend la place de l'hydrogène qui se dégage, et il se forme du sulfate de zinc qui se dissout dans l'eau.

La légende suivante rend compte de la réaction :

```
Zinc ─────────────────────────────┐
                                   ╪══ Sulfate de zinc.
                    ( Soufre   )   │
Acide  sulfurique  { Oxygène   }───┘
                    ( Hydrogène ▬▬▬▬▬ ──────→
```

On peut, dans cette préparation, remplacer l'acide sulfurique par l'acide chlorhydrique ; celui-ci est formé de chlore et d'hydrogène ; le zinc remplace l'hydrogène ; et il se forme du chlorure de zinc :

```
Zinc ─────────────────────────────┐
                                   ╪══ Chlorure de zinc.
                    ( Chlore ──────┘
Acide chlorhydrique { Hydrogène ▬▬▬▬▬ ──────→
```

Nous ferons remarquer que, dans les deux cas, la température du flacon où se fait la préparation est assez élevée.

28. Préparation de l'oxygène. — 1° *Par le chlorate de potassium*. L'oxygène se prépare, à chaud, dans un appareil monté comme il a déjà été expliqué (17). A la place d'un ballon, on peut employer une cornue (fig. 26).

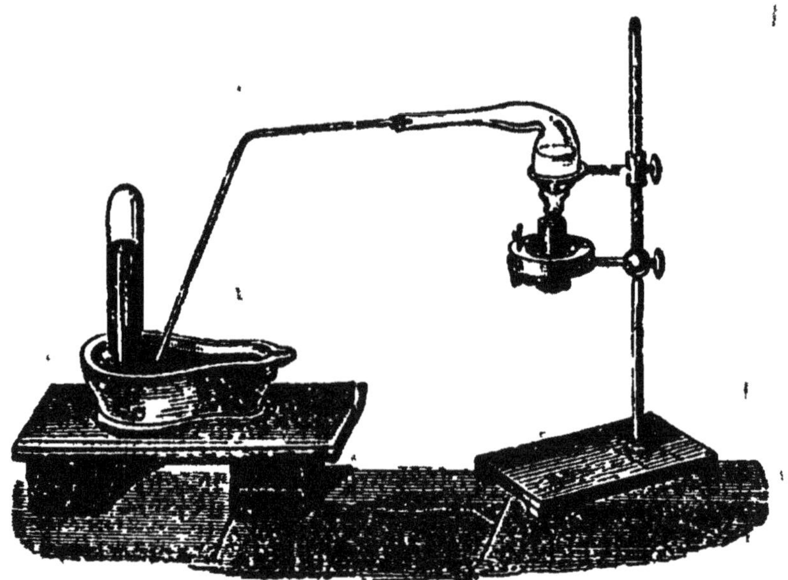

Fig. 26. — Préparation de l'oxygène par le chlorate de potassium.

Dans le ballon ou la cornue, on chauffe du chlorure de potassium qui fond d'abord, puis se décompose en laissant dégager de l'oxygène. Le chlorate de potassium est composé de potassium, de chlore et d'oxygène; sous l'influence de la chaleur, l'oxygène se dégage à l'état gazeux et le chlore forme, avec le potassium, du chlorure de potassium. C'est ce qu'explique la légende suivante :

Chlorate de potassium {
Potassium ——————————⌉
Chlore —————————————├ Chlorure de potassium.
Oxygène ⟶

On a l'habitude dans cette préparation de mélanger au chlorate de potassium une petite quantité de bioxyde de manganèse ou d'oxyde noir de cuivre; leur présence empêche la formation d'un perchlorate de potassium qui exige, pour se décomposer, une température plus élevée que le chlorate ;

2° *Par le bioxyde de manganèse.* Si l'on soumet du bioxyde de manganèse à une température élevée, il laisse dégager de l'oxygène. Le bioxyde est introduit dans une cornue en grès chauffée à l'aide du fourneau que nous avons décrit précédemment (fig. 16).

Le bioxyde de manganèse est une poudre noire qu'on trouve dans la nature et qui se compose d'un métal, appelé *manganèse*, et d'oxygène. Sous l'influence de la chaleur, le tiers de l'oxygène contenu dans le bioxyde se dégage ; les deux autres tiers restent combinés au manganèse et forment avec lui un composé moins oxygéné que le précédent, appelé *oxyde salin de manganèse.*

La légende suivante rend compte de la réaction :

$$\text{Bioxyde de manganèse} \begin{cases} \text{Manganèse} \\ \text{Oxygène} \begin{cases} \dfrac{2}{3} \;\text{Oxyde salin de manganèse,} \\ \dfrac{1}{3} \end{cases} \end{cases}$$

CARBONE — OXYDE DE CARBONE
ANHYDRIDE CARBONIQUE

29. Le charbon que nous brûlons dans divers appareils est un corps constitué principalement par du *carbone* pur.

En brûlant, le carbone pur et le charbon donnent naissance à deux composés : l'*oxyde de carbone* et l'*anhydride carbonique*, qui proviennent de l'union du carbone avec l'oxygène de l'air.

Lorsque l'oxygène est en excès, le résultat de la combustion est de l'anhydride carbonique ; lorsque le charbon est en excès, comme lorsqu'on allume un fourneau rempli de charbon de bois, il se forme en même temps un produit moins oxygéné que l'anhydride carbonique : c'est l'oxyde de carbone, qui provient de l'action réductrice que le charbon en excès exerce sur l'anhydride carbonique.

30. On démontre que la combustion de 12 grammes de carbone donne naissance soit à 28 grammes d'oxyde de carbone, soit à 44 grammes d'anhydride carbonique; il en résulte que, pour 12 grammes de carbone, le premier de ces composés renferme 16 grammes d'oxygène, et le second 32 grammes d'oxygène, soit une quantité double.

CHAPITRE IV

Analyse et synthèse. — Corps simples et corps composés.

COMBINAISONS ET DÉCOMPOSITIONS CHIMIQUES

31. Analyse et synthèse. — *Analyser* un corps, c'est le *décomposer* en ses éléments ; en faire la *synthèse*, c'est reconstituer le corps en en combinant les éléments. Nous avons donné, dans le chapitre précédent, des exemples d'analyse et de synthèse de l'eau.

L'analyse est *qualitative*, quand elle ne détermine que la nature des éléments ; elle est *quantitative*, quand elle recherche les proportions relatives de ces éléments, en poids et en volume. L'analyse de l'eau par le voltamètre (23) est à la fois qualitative et quantitative : qualitative, puisque, connaissant les propriétés des deux gaz hydrogène et oxygène, il est facile de les reconnaître dans les produits de la décomposition de l'eau ; quantitative, puisqu'il est possible d'évaluer les volumes respectifs des gaz obtenus.

32. Corps simples et corps composés. — On appelle *corps simples* ceux dont on n'a pu tirer jusqu'ici qu'une seule espèce de matière ; tels sont : le carbone, le soufre, le fer, le cuivre, etc., qui sont des corps solides ; le mercure, qui est un corps liquide ; l'oxygène, l'hydrogène, l'azote, etc., qui sont des gaz. On connaît environ 70 corps simples.

Nous avons vu (23) que l'eau peut donner naissance à deux corps plus simples : l'eau est un *corps composé*. Le chlorate de potassium, d'où l'on retire l'oxygène, est aussi un corps composé ; il en est de même de l'acide sulfurique qui nous a servi à la préparation de l'hydrogène. Les corps, très nombreux, extraits des organes des animaux et des végétaux, et désignés, pour cette raison, sous le nom de *composés organiques*, sont tous des corps composés.

On donne le nom de *corps composés* à tous ceux d'où l'on peut retirer deux ou plusieurs corps simples.

Les propriétés d'un corps composé sont, en général, différentes de celles des corps simples qui le constituent ; ainsi l'acide sulfurique, qui est un liquide très corrosif, est formé de soufre, corps solide sans action sur la peau, d'oxygène et d'hydrogène, deux corps gazeux.

33. Combinaisons et décompositions chimiques. — Les expériences qui font l'objet du chapitre précédent nous apprennent que les corps peuvent subir dans leurs propriétés des modifications profondes : ce sont celles auxquelles donnent lieu les *combinaisons* et les *décompositions chimiques*.

Un corps qui subit un changement d'état physique (glace se réduisant en eau, puis en vapeur), ne fournit qu'*une seule et même substance* douée de propriétés différentes de celles qu'il avait avant la modification ; mais c'est encore la même substance. Au contraire, on observe souvent que deux ou plusieurs corps, mis en présence, réagissent l'un sur l'autre, modifient profondément leurs propriétés respectives pour donner naissance à un corps nouveau, dont les caractères sont distincts de ceux des éléments qui le composent : oxygène et hydrogène sous l'influence de l'étincelle électrique, combustion du charbon, etc. Ou bien encore un corps composé placé dans des conditions convenables se modifie de manière à donner naissance à deux ou plusieurs corps différents : chlorate de potassium, bioxyde de manganèse, acide sulfurique en présence du zinc, etc.

Dans le premier cas, on dit qu'il y a eu *combinaison chimique* des corps mis en présence ; dans le second cas, qu'il y a eu *décomposition chimique* du corps composé.

La synthèse est une combinaison chimique; l'analyse est une décomposition chimique.

Les combinaisons et les décompositions chimiques portent le nom commun de *réactions*.

34. Distinction entre le mélange et la combinaison. — Dans un mélange, chacun des éléments conserve ses propriétés distinctes; dans une combinaison, elles sont remplacées par des propriétés nouvelles, qui sont celles du corps composé.

Mettons dans un mortier de la limaille de cuivre et du soufre en poudre fine, dit *soufre en fleur* : nous pouvons, en les triturant ensemble, en faire un mélange intime et obtenir une poudre de couleur en apparence homogène; mais il sera toujours possible de distinguer les grains de soufre des grains de cuivre, sinon avec le seul secours de nos yeux, du moins avec celui d'une loupe, et nous pourrons opérer la séparation des deux éléments en jetant le mélange dans l'eau : le soufre restera en suspension, tandis que le cuivre se déposera au fond du vase. Nous avons là les caractères d'un *mélange*. Les deux éléments sont encore distincts, et ont conservé leurs propriétés respectives. Mais, si nous versons le mélange dans un ballon en verre et si nous chauffons le vase, la *combinaison* s'effectue; la masse devient incandescente, et nous obtenons un corps homogène, de couleur noire, dans lequel les propriétés du cuivre et du soufre ont disparu; l'union des deux corps est tellement intime qu'on ne peut plus les séparer par des moyens physiques, et que le microscope le plus puissant ne permettrait pas de les distinguer l'un de l'autre. Il n'y a plus, en quelque sorte, ni soufre ni cuivre; il n'y a qu'un composé de ces deux corps, le *sulfure de cuivre*.

Nous aurions pu faire l'expérience avec du soufre en fleur et de la limaille de fer. En mélangeant intimement ces deux corps, nous aurions eu une poudre dans laquelle nous aurions pu distinguer les grains de soufre et les grains de fer. Il y a plus : si l'on plonge un aimant dans le mélange, les grains de fer s'attacheront à l'aimant, et, en enlevant celui-ci, nous pourrons les retirer du mélange. Le soufre et le fer ont conservé leurs individualités respectives. Mais portons le mélange dans un creuset, et chauffons au rouge. Le soufre et le fer vont se combiner et donneront lieu à un nouveau corps, le *sulfure de fer* : il est noir, on n'y distingue plus ni soufre ni fer. Ces deux corps se sont combinés intimement, et l'aimant n'est plus capable d'extraire le fer du mélange.

Dans l'eau, l'hydrogène et l'oxygène sont à l'état de combinaison. Dans l'air, l'oxygène et l'azote sont à l'état de mélange, car chacun de ces gaz conserve ses propriétés propres. Aussi, si l'on fait bouillir de l'eau qui a séjourné au contact de l'atmosphère et qu'on analyse le mélange gazeux qui s'est dégagé, on constate qu'il renferme 33 parties d'oxygène pour 67 d'azote. Ces nombres, différents de ceux qui indiquent les proportions selon lesquelles l'oxygène et l'azote entrent dans la composition de l'air atmosphérique, montrent que l'air est bien un mélange. En effet, s'il était une combinaison, il devrait se dissoudre à raison de 21 parties d'oxygène pour 79 d'azote, tandis que chaque gaz, ayant conservé ses propriétés particulières, s'est dissous selon son propre degré de solubilité.

Nous ajouterons, pour compléter la distinction que nous voulons établir entre le mélange et la combinaison, que celle-ci ne s'effectue jamais qu'entre des quantités *déterminées* de matière, tandis que, dans le mélange, les proportions peuvent être quelconques.

Reprenons l'exemple de la combinaison du soufre et du cuivre. Si nous introduisons dans le ballon 32 parties de soufre et 127 parties de cuivre, la combinaison s'effectuera dans toute la masse, et, lorsqu'elle sera faite, il ne restera ni soufre ni cuivre en liberté; tout aura été transformé en sulfure de cuivre. Mais si, la proportion de soufre restant la même, nous introduisons 140 parties de cuivre, 127 seulement se combineront aux 32 parties de soufre, et 13 resteront libres.

35. Les combinaisons chimiques sont accompagnées de phénomènes calorifiques. — Les combinaisons chimiques sont généralement accompagnées d'un dégagement de chaleur.

La chaleur que nous utilisons dans nos foyers et dans l'industrie provient de la combinaison avec l'oxygène des corps simples qui entrent dans la composition des substances combustibles.

Si certaines combinaisons, comme la formation de la rouille, ne donnent pas naissance à une élévation de température appréciable, cela tient à ce que, la combinaison se faisant très lentement, la chaleur dégagée en un temps donné est faible et disparaît à mesure qu'elle se produit.

Les combinaisons accompagnées d'un dégagement de chaleur sont dites *exothermiques*, et l'on applique la même dénomination aux composés qui en résultent : ainsi l'on dit que le sulfure de cuivre, le gaz carbonique, le gaz sulfureux sont des composés exothermiques.

Quand on veut décomposer un corps exothermique, il faut lui donner de la chaleur, car il est nécessaire de rendre aux corps qu'on veut séparer celle qu'ils ont dégagée en se combinant. Nous verrons que la plupart des préparations chimiques se font sous l'influence de la chaleur.

Un petit nombre de combinaisons sont accompagnées d'une absorption de chaleur; ces combinaisons et les composés qui en résultent sont dits *endothermiques* : tels sont les *explosifs*. Au moment où ils se décomposent, la chaleur absorbée pendant la combinaison réapparaît, et provoque une grande dilatation des gaz provenant de la décomposition : d'où l'explosion.

Dans un mélange, il n'y a jamais dégagement de chaleur. Il pourrait y avoir absorption de chaleur, si l'état physique des corps venait à être modifié; par exemple, si les corps, mélangés à l'état solide, passaient à l'état liquide.

CIRCONSTANCES QUI ACCOMPAGNENT, FACILITENT OU RETARDENT LES COMBINAISONS

36. 1° *Contact*. La combinaison de deux corps ne peut s'effectuer qu'à condition qu'il y ait contact entre ces corps.

Lorsqu'un corps solide se dissout dans un liquide, ses molécules se disséminent dans le liquide, et lorsqu'on met la dissolution de ce corps en présence d'un autre corps, sur lequel il n'avait pas d'action à l'état solide, le contact devient plus intime, et la combinaison peut s'effectuer. C'est ainsi que, si nous mélangeons à l'état solide le bicarbonate de sodium et l'acide oxalique, ils n'exercent pas d'action l'un sur l'autre, tandis que, si nous les dissolvons et si nous mélangeons leurs dissolutions, l'acide oxalique se combine avec le sodium du bicarbonate et chasse le gaz carbonique.

2° *Chaleur*. La combinaison des corps ne s'effectue qu'à une température déterminée ; le soufre et le cuivre ne se combinent que lorsqu'on les chauffe; il en est de même de l'hydrogène et de l'oxygène.

La chaleur agit tantôt pour faciliter les combinaisons chimiques, tantôt pour les détruire. Le soufre et le cuivre ne se combinent pas à la température ordinaire : chauffés à une température convenable, ils s'unissent avec incandescence. La chaleur n'a pas ici, comme dans beaucoup d'autres cas, facilité la combinaison par le seul fait qu'en déterminant la fusion du soufre elle a assuré un contact plus intime : elle a agi aussi en portant les deux corps à la température qui convenait à leur combinaison, et la réaction une fois commencée s'est propagée par suite de la chaleur dégagée.

La chaleur peut aussi détruire une combinaison dont une chaleur plus modérée avait déterminé la formation.

L'hydrogène et l'oxygène s'unissent pour produire de l'eau, lorsqu'on porte le mélange de ces deux gaz à une température de 400 à 500 degrés ; l'eau qu'on chauffe à une température très élevée, par exemple en y plongeant une barre de fer portée au rouge, se *dissocie* (36, 5°), c'est-à-dire se décompose en ses éléments constituants, hydrogène et oxygène, qu'on peut isoler si l'on opère dans des conditions convenables.

3° *Électricité.* L'électricité peut aussi agir dans les deux sens sur les combinaisons. Nous avons vu que l'étincelle électrique, par la chaleur qu'elle apporte, produit la combinaison de l'hydrogène et de l'oxygène mélangés. Nous avons vu aussi l'eau décomposée, par le courant électrique, en hydrogène et en oxygène. Le gaz ammoniac (199) peut être aussi décomposé par une série d'étincelles électriques, en azote et en hydrogène.

4° *Lumière.* La lumière agit de la même façon. Le chlore et l'hydrogène mélangés à volumes égaux se combinent avec détonation lorsqu'on dirige les rayons solaires sur le vase qui les renferme. Certains sels d'argent se décomposent sous l'influence de la lumière, et la photographie est une application de cette propriété.

5° *Influence de la pression. Dissociation.* Les expériences suivantes, dues à Debray, mettent bien en évidence l'influence de la pression dans les phénomènes chimiques.

Lorsqu'on chauffe à l'air libre du carbonate de calcium, il se décompose *totalement* en gaz carbonique et en chaux, si la température est de 770 degrés environ. Mais, si l'on chauffe ce même corps à 770 degrés dans un espace vide et clos, la décomposition n'est que partielle, et s'arrête lorsque le gaz carbonique a pris une tension de 85 millimètres environ. Si l'on enlève le gaz produit, en faisant le vide, la décomposition recommence jusqu'à ce que la tension du gaz carbonique soit devenue de nouveau égale à 85 millimètres. Si la température s'élève jusqu'à 930 degrés, la décomposition aura lieu jusqu'à ce que la tension du gaz carbonique soit de 520 millimètres.

A l'air libre, au contraire, la décomposition est complète, pourvu que le gaz carbonique se dégage à mesure qu'il se produit, et n'acquière pas la tension qu'il doit atteindre pour que la décomposition s'arrête.

Inversement, si l'on chauffe à 770 degrés de la chaux en présente du gaz carbonique, la combinaison des deux corps s'effectue tant que la tension de celui-ci est supérieure à 85 millimètres, et s'arrête dès qu'elle a atteint cette valeur. A 930 degrés, la combinaison s'effectuerait tant que la tension du gaz carbonique serait supérieure à 520 millimètres.

Il résulte de ces faits qu'un corps, qui renferme un principe gazeux, se décompose à une température déterminée, lorsque la tension du principe gazeux qu'il émet est supérieure à une certaine valeur qui varie avec le corps, avec la température, et que Sainte-Claire Deville a appelée la *tension de dissociation* de ce corps.

Les considérations qui précèdent permettent d'expliquer une expérience célèbre due à Halls[1]. Il avait empli de craie un canon de fusil qu'il avait ensuite fermé avec des bouchons à vis : il le porta à une température élevée et retrouva la craie transformée en marbre, c'est-à-dire en carbonate de calcium qui avait subi la fusion. Voici ce qui s'était passé : le carbonate de calcium avait commencé à se décomposer et, au bout d'un certain temps, le gaz carbonique produit par cette décomposition, s'accumulant dans un espace clos, empêcha le reste de la matière de se décomposer; celle-ci, toujours chauffée, se fondit et se transforma en marbre.

6° *Corps poreux*. Certains corps peuvent, par leur seule présence, produire des phénomènes chimiques qui n'auraient pas lieu sans eux. Telle est l'*éponge* ou *mousse de platine*. Fixons à l'extrémité d'un fil métallique un morceau de mousse de platine (fig. 27), puis faisons

1. Halls, né en 1667, dans le comté de Kent; mort en 1761.

descendre sur elle une éprouvette renfermant un mélange de deux volumes d'hydrogène et d'un volume d'oxygène; la mousse de platine deviendra in-candescente, et la combinaison des deux gaz s'effectuera avec une vive détonation. Si l'éprouvette choisie est large et épaisse, on peut sans danger la tenir par la partie supé-rieure.

Voici ce qui s'est passé : les deux gaz ٤ sont condensés dans la mousse de platine, cette conden-sation a élevé la température de la mousse au po'nt de la rendre in-candescente, et la combinaison s'est produite.

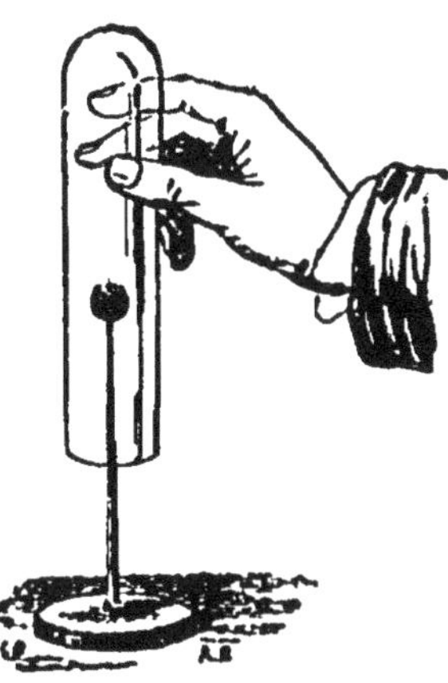

Fig. 27. — Action de la mousse de platine.

37. *Expériences simples.* — Effectuer dans un ballon une combi-naison de soufre et de cuivre.

Prendre un gros morceau de charbon de bois; porter à l'incan-descence une de ses extrémités, et y laisser tomber un peu de salpêtre : la combustion est activée par suite de la production d'oxygène résultant de la décomposition du salpêtre.

Mélanger du soufre en fleur et de la limaille de fer, puis séparer les deux corps avec un aimant, ou en jetant le mélange dans l'eau.

On peut préparer, sans danger, un composé endothermique, de la façon suivante. Mettre dans une petite quantité d'ammoniaque ordinaire une très petite pincée d'iode, et agiter : il se dépose au fond du verre un corps noir, qui est de l'iodure d'azote. Filtrer, enlever le filtre et le laisser sécher. Le moindre frottement, celui d'une plume, par exemple, fait détoner l'iodure d'azote resté sur le filtre, et l'on peut voir, au moment de l'explosion, la vapeur d'iode résultant de la volatisation de l'iode sous l'influence de la chaleur dégagée.

Chauffer quelques morceaux de craie dans un ballon, et constater que le gaz qui se dégage rougit le papier de tournesol qu'on a préalablement bleui en le trempant dans l'alcali volatil. La chaux obtenue dans cette expérience sera exposée à l'air, dans une assiette, et au bout de quelques jours on constatera que, par suite de son retour à l'état de carbonate, elle donne lieu à un dégagement gazeux lorsqu'on y verse quelques gouttes de vinaigre fort, ou mieux d'un acide.

CHAPITRE V

Lois des combinaisons en poids et en volumes.

38. Lois générales de la chimie. — L'analyse et la synthèse démontrent que les combinaisons chimiques sont soumises à quelques lois simples qui règlent les quantités en poids et en volume (pour les corps gazeux) des corps qui naissent ou se détruisent dans la réaction.

39. Loi des poids. — *Le poids d'un corps composé est égal à la somme des poids des composants.* C'est Lavoisier qui, le premier, a bien établi cette loi, en introduisant l'usage de la balance dans les opérations de la chimie.

La synthèse de l'eau montre que, si l'on fait jaillir l'étincelle électrique dans un mélange formé de 16 grammes d'oxygène et 2 grammes d'hydrogène, on obtient 18 grammes de vapeur d'eau.

Chauffons un poids P de craie dans un ballon et recueillons le gaz carbonique qui se dégage ; il sera possible d'en trouver le poids P' ; la différence P—P' représentera précisément le poids de la chaux vive qu'on recueillera dans le ballon.

Lorsque le fer se rouille à l'air humide, son poids augmente, et le poids de la rouille qui s'est formée est égal au poids du fer qu'elle contient, augmenté du poids de l'oxygène dont le fer s'est emparé.

Lorsque le bois brûle dans un foyer, il reste un poids de cendres bien inférieur à celui du bois employé ; mais en réalité les produits de la combustion représentent cette différence augmentée toutefois du poids de l'oxygène qui sert à entretenir la combustion.

La loi des poids est encore désignée sous le nom de *loi de la conservation de la matière*, car elle montre que, si la matière se transforme, aucune parcelle ne se *détruit* : les composants se retrouvent entièrement dans le composé. Inversement, il est impossible de *créer* une parcelle de matière : le composé contient tous les composants, rien de plus, rien de moins. Et ce principe fondamental de la chimie qu'on énonce souvent ainsi : *Rien ne se perd, rien ne se crée*, est analogue à celui qui régit le monde physique, ou encore le monde de l'*énergie*.

40. Loi des proportions définies ou loi de Proust. — *Deux corps, pour former un même composé, se combinent toujours dans des proportions invariables.*

L'analyse et la synthèse de l'eau nous ont déjà permis de vérifier cette loi.

Pour l'acide chlorhydrique, la combinaison s'effectue toujours entre volumes égaux d'hydrogène et de chlore, et, si l'on considère les poids des gaz, dans le rapport de 1 à 35,5.

De même encore, dans l'expérience citée pour indiquer la différence entre le mélange et la combinaison (34), celle-ci s'effectue toujours dans le rapport de 32 parties de soufre à 127 parties de cuivre ; s'il y a un excès de l'un ou l'autre des deux corps, cet excès, qui n'apparaît pas, parce qu'il est noyé dans la masse du sulfure de cuivre, pourrait cependant être isolé par des moyens convenables.

L'analyse du gaz carbonique conduit aussi à ce résultat, qu'il est formé de 12 parties de carbone et 32 parties d'oxygène.

Toutes les combinaisons étudiées nous offriraient des exemples analogues ; les alliages eux-mêmes semblent se rattacher à cette loi, ainsi que le prouve le phénomène de la *liquation*.

41. Loi des proportions multiples ou loi de Dalton. — Il arrive souvent que deux corps, en se combinant, peuvent donner lieu à plusieurs composés, qui diffèrent entre eux par les proportions relatives de leurs éléments.

Lorsque deux corps se combinent en plusieurs proportions, les poids de l'un de ces corps, qui s'unissent à un même poids de l'autre, sont entre eux comme des nombres simples.

L'eau est formée, en poids, de 2 parties d'hydrogène et de 16 parties d'oxygène; dans l'eau oxygénée (90), 2 parties d'hydrogène se trouvent combinées avec 32 parties ou 2 fois 16 parties d'oxygène. Le rapport des quantités d'oxygène combinées avec une même quantité 2 d'hydrogène est donc celui des nombres simples 1 et 2.

L'azote et l'oxygène se combinent en six proportions différentes. Prenons des quantités de ces composés telles, qu'elles renferment toutes 28 parties d'azote, et nous trouverons que :

28 parties d'azote sont combinées à 16 parties d'oxygène dans l'oxyde azoteux;
28 — — 32 p. ou 2 fois 16 p. — l'oxyde azotique;
28 — — 48 p. ou 3 fois 16 p. — l'anhydride azoteux;
28 — — 64 p. ou 4 fois 16 p. — le peroxyde d'azote;
28 — — 80 p. ou 5 fois 16 p. — l'anhydride azotique;
28 — — 96 p. ou 6 fois 16 p. — l'anhydride perazotique.

Donc, les poids d'oxygène qui s'unissent à un même poids d'azote sont entre eux comme les nombres 1, 2, 3, 4, 5, 6.

La loi de Dalton est encore vérifiée par la composition des sulfures de potassium (142).

De même, encore, les trois oxydes de fer contiennent, pour un même poids 168 ou 56×3 de fer :

le premier, 48 ou 16×3 d'oxygène,
le deuxième, 64 ou 16×4 —
le troisième, 72 ou $16 \times 4,5$ —

c'est-à-dire des poids d'oxygène proportionnels aux nombres 3, 4 et 4, 5 ou bien aux nombres 1, $\frac{4}{3}$ et $\frac{3}{2}$.

42. Lois de Gay-Lussac ou lois des volumes. — Quand deux corps se combinent, il y a toujours un rapport fixe (loi de Proust) entre les poids des corps qui entrent en combinaison ; mais ce rapport n'est généralement pas simple : pour l'eau, l'acide chlorhydrique, le sulfure de cuivre, etc., ces rapport sont : $\dfrac{1}{8}$, $\dfrac{1}{35,5}$, $\dfrac{32}{127}$, etc.

Ce rapport, au contraire, devient très simple, si l'on considère les volumes des corps amenés à l'état gazeux ; et Gay-Lussac a formulé à ce propos les lois suivantes :

1° *Quand deux gaz se combinent, les volumes des gaz qui entrent en combinaison sont toujours en rapport simple.*

Ainsi, 2 volumes d'hydrogène se combinent avec 1 volume d'oxygène pour former 2 volumes de vapeur d'eau.

1 volume d'hydrogène se combine à 1 volume de chlore pour former 2 volumes d'acide chlorhydrique.

2 volumes d'azote se combinent avec 1 volume d'oxygène pour former 2 volumes d'oxyde azoteux.

1 volume d'azote se combine avec 3 volumes d'hydrogène pour former 2 volumes de gaz ammoniac.

La synthèse eudiométrique du gaz carbonique montre que toujours 2 volumes d'oxyde de carbone se combinent avec 1 volume d'oxygène pour former 2 volumes d'anhydride carbonique.

2° *Il y a un rapport simple entre les nombres représentant le volume des gaz qui se combinent, et celui qui représente le volume du gaz résultant de la combinaison.*

Les exemples précédents vérifient cette loi.

Nous remarquons encore que :

Quand les gaz se combinent à volumes égaux, le volume du composé est égal à la somme des volumes des composants : il n'y a pas contraction. Exemple : 1 volume d'hydrogène se combine avec 1 volume de chlore pour donner 2 volumes d'acide chlorhydrique.

Il y a toujours contraction quand ces volumes sont inégaux. La contraction est égale au tiers de la somme des volumes, quand les deux gaz se combinent dans le rapport de 2 volumes à 1 volume. Exemple : 2 volumes d'hydrogène et 1 volume d'oxygène donnent 2 volumes de vapeur d'eau.

La contraction est la moitié de la somme des volumes quand les deux gaz se combinent dans le rapport de 3 à 1. Exemple : 1 volume d'azote et 3 volumes d'hydrogène donnent 2 volumes de gaz ammoniac.

CHAPITRE VI

Nombres proportionnels.
Ecriture chimique. — Valence des atomes.

43. Nombres proportionnels. — L'hydrogène et l'oxygène se combinent dans le rapport de 2 à 16 ou de 1 à 8 ou de 3 à 24, etc., pour donner l'eau; en d'autres termes, ces différents groupes de nombres caractérisent l'hydrogène et l'oxygène pour une certaine combinaison.

De même, l'hydrogène et le soufre se combinent dans le rapport de 1 à 16 ou de 2 à 32, etc., pour donner l'acide sulfhydrique (Chap. XIII).

Le même poids 2 d'hydrogène peut donc se combiner soit à un poids 16 d'oxygène, soit à un poids 32 de soufre.

Or, si nous cherchons dans quel rapport se combinent l'oxygène et le soufre, on trouve que 32 parties ou 16×2 du premier s'unissent à 32 parties du second dans le gaz sulfureux. Nous pouvons en conclure que les poids de soufre et d'oxygène qui s'unissent sont des multiples simples (2 et 1) des poids de ces deux corps qui se combinent au même poids 2 d'hydrogène.

Dans l'anhydride hypochloreux, il entre des poids d'oxygène et de chlore représentés par les nombres 16 et 71. L'oxyde de potassium renferme 16 parties d'oxygène pour 78 de potassium. Or, si l'on cherche la composition du chlorure de potassium, on trouve précisément que les poids 71 de chlore et 78 de potassium, qui *s'équivalent* vis-à-vis de 16 d'oxygène, s'équivalent aussi entre eux pour former le chlorure de potassium.

Nous sommes donc conduits à cette conclusion : *Deux*

*corps s'unissent entre eux suivant des proportions en poids
qui sont celles suivant lesquelles ils s'unissent séparément
au même poids d'un troisième corps, ou bien elles en sont un
multiple simple.*

Il en résulte que ces poids caractérisent les deux corps
dans leurs combinaisons avec le troisième ; on les appelle
leurs *nombres proportionnels*, parce' qu'ils représentent
non des poids absolus, mais les proportions suivant lesquelles s'effectuent les combinaisons de ces corps. On
conçoit que, si le troisième corps varie, les nombres proportionnels obtenus seront différents. Il y a donc lieu de
fixer le corps qui sert de terme de comparaison ; aujour-
d'hui, on a choisi l'hydrogène, dont le nombre proportionnel est représenté par 1. Nous verrons plus loin (49) que
les nombres proportionnels ainsi définis ne sont autres
que les *poids atomiques* des différents corps.

44. **Constitution des corps. Molécules et atomes.**
— Tous les corps sont divisibles en un nombre plus ou
moins grand de parties. La nature nous offre de nombreux exemples de cette divisibilité de la matière, qu'elle
pousse quelquefois très loin. On a peine à se figurer la
ténuité des particules qui se détachent à chaque instant
de certaines substances odorantes. Un grain de musc,
abandonné dans un appartement où l'air se renouvelle
constamment, répand ses particules odorantes de toutes
parts, et, au bout de plusieurs mois, la diminution de
poids qu'il a subie est à peine sensible.

Bien que la divisibilité de la matière puisse être poussée très loin, les lois de la chimie ne nous permettent pas
d'admettre qu'elle puisse se poursuivre indéfiniment, et
nous appellerons *molécules* les particules extrêmement
petites qui représentent *la plus faible quantité de matière
pouvant exister à l'état libre.* Les molécules sont, dans un
même corps, isolées les unes des autres et séparées par
des vides appelés *pores intermoléculaires.* Il ne faut pas
confondre les pores intermoléculaires avec ces lacunes
qu'on observe, soit à l'œil nu, soit au microscope, dans

les substances dites *poreuses*. Les molécules, quoique isolées, sont unies, grâce à une propriété de la matière, dite *force de cohésion*; cette force est considérable dans les solides.

Une molécule d'un corps composé renferme nécessairement les éléments de chacun des composants. Ces éléments constituent donc des particules encore plus petites que la molécule; on leur donne le nom d'*atomes*.

Les corps simples, comme les corps composés, sont formés de molécules; mais, tandis que dans un corps composé les atomes qui forment la molécule sont différents, ils sont identiques dans la molécule d'un corps simple. Il est évident qu'une molécule d'un corps simple ou composé renferme toujours un *nombre entier* d'atomes du ou des corps constituants.

Notons que cette conception de la constitution des corps explique parfaitement la loi des proportions définies (40) et la loi des proportions multiples (41). On comprend, en effet, que si l'atome d'un corps peut se combiner avec 1, 2, 3, 4, 5 atomes d'un autre corps, la loi des proportions multiples se trouve expliquée, puisque les nombres qui représentent les proportions de ces corps entrant en combinaison seront, d'une part, le poids d'un atome du premier corps et, d'autre part, le poids de 1, 2, 3, 4, 5 atomes du second corps. On explique de même la loi des proportions définies.

Il est possible d'établir, non les poids absolus des molécules et des atomes qui composent les corps, mais les poids relatifs de ces molécules et de ces atomes en prenant l'un des corps comme terme de comparaison. Les poids relatifs ainsi déterminés se nomment *poids moléculaires* et *poids atomiques*. Le terme de comparaison choisi est l'hydrogène.

45. **Poids moléculaires.** — Pour expliquer que les différents gaz se compriment et se dilatent tous en suivant à peu de chose près les mêmes lois, on admet que *tous les gaz, à volume égal, renferment le même nombre de*

molécules; ce qui signifie, par exemple, qu'un litre d'hydrogène renferme le même nombre de molécules qu'un litre d'oxygène pris dans les mêmes conditions de température et de pression.

Soient 1 litre d'oxygène et 1 litre d'hydrogène, pris dans les mêmes conditions; ils ont des poids P et P'. Si la molécule de chacun de ces gaz pèse p et p' et si n est le nombre (d'ailleurs inconnu) des molécules de ces deux gaz contenues dans 1 litre, on peut écrire :

$$P = np \quad \text{et} \quad P' = np'.$$

D'où, en divisant ces deux égalités membre à membre :

$$\frac{P}{P'} = \frac{p}{p'}.$$

Or les poids de 1 litre d'oxygène et de 1 litre d'hydrogène, pris dans les mêmes conditions, sont évidemment proportionnels aux densités D et D' de ces deux gaz; autrement dit :

$$\frac{P}{P'} = \frac{D}{D'}.$$

On déduit des deux égalités précédentes :

$$\frac{D}{D'} = \frac{p}{p'}.$$

Or p et p' représentent les *poids moléculaires* des deux gaz; on peut donc conclure de la dernière égalité que *les nombres qui représentent les poids moléculaires sont dans le même rapport que ceux qui représentent les densités.*

De la dernière égalité, on tire :

$$p = D \times \frac{p'}{D'}.$$

Si l'on suppose un autre corps tel que l'azote dont la

densité est D'' et le poids moléculaire p'', on aurait encore par rapport à l'hydrogène :

$$p'' = D'' \times \frac{p'}{D'}.$$

On voit donc que, si l'on connaissait le poids moléculaire de l'hydrogène, il serait possible de trouver ceux des autres gaz simples ou composés, des méthodes rigoureuses permettant de connaître exactement les densités. Or, comme il est impossible d'isoler *une* molécule d'hydrogène, on convient de représenter son poids par le nombre 2, et le rapport constant $\frac{p'}{D'}$ devient égal à

$$\frac{2}{0,0695} = 28,8.$$

Donc, si le poids moléculaire de l'hydrogène est 2, le poids moléculaire de tout gaz ou vapeur est

$$p = D \times 28,8.$$

D'où la règle suivante : *le poids moléculaire de tout corps gazeux ou volatil est le produit de sa densité par le nombre constant* 28,8.

Appliquons cette règle à quelques exemples :

Corps.	Densités.	Poids moléculaires.
Oxygène	1,1052	$1,1052 \times 28,8 = 32$
Azote.............	0,967	$0,967 \times 28,8 = 28$
Chlore............	2,49	$2,49 \times 28,8 = 71$
Vapeur d'eau	0,6235	$1,6235 \times 28,8 = 18$
Acide sulfhydrique	1,189	$1,189 \times 28,8 = 34$

46. Remarque I. — La formule $p = D \times 28,8$ permet d'écrire :

$$D = \frac{p}{28,8};$$

donc *la densité d'un corps gazeux ou volatil est le quotient de son poids moléculaire par le nombre constant* 28,8.

On obtient ainsi ce qu'on appelle la *densité théorique* du

corps; elle est d'ailleurs sensiblement égale à la densité expérimentale. Pour les applications numériques, la formule précédente donne une approximation suffisante, et permet d'éviter l'effort de mémoire nécessaire pour retenir les densités de tous les corps gazeux ou volatils.

Remarque II. — Il est évident, d'après la définition de la molécule et d'après la loi de Lavoisier, que le poids moléculaire d'un corps simple ou composé est la somme des poids des atomes constituants.

47. Poids atomiques des corps simples gazeux ou volatils. — La molécule d'un corps simple contenant un nombre entier d'atomes, pour avoir le poids atomique de ce corps il suffirait de diviser son poids moléculaire par le nombre d'atomes de la molécule; comme on ne connaît pas ce nombre à l'avance, il faut procéder dans cette recherche par un moyen indirect. Ce moyen nous est fourni par la définition même de l'atome : *la plus petite quantité d'un corps entrant en combinaison.*

Soit à déterminer le poids atomique de l'hydrogène : cherchons d'une part les poids moléculaires de plusieurs composés de l'hydrogène et, d'autre part, le poids de l'hydrogène entrant dans chaque molécule; nous pourrons dresser le tableau suivant :

Composés.	Poids moléculaires.	Quantités d'hydrogène.
Hydrogène.........	2	2
Eau	18	2
Eau oxygénée......	34	2
Acide sulfhydrique.	34	2
Acide chlorhydrique	36,5	1
Gaz ammoniac...,.	17	3
Formène..........	16	4

On prend, pour poids atomique de l'hydrogène, le plus petit poids de ce corps entrant dans la molécule de ses composés. On voit, par le tableau précédent, que ce poids atomique est 1.

Remarque. — Le poids moléculaire de l'hydrogène

étant 2 et son poids moléculaire 1, il en résulte que la molécule d'hydrogène est formée de 2 atomes.

Nous ajouterons que c'est là d'ailleurs le cas général, pour tous les corps gazeux ou volatils; cependant, les molécules du zinc et du mercure ne renferment qu'un atome; au contraire, celles du phosphore, de l'arsenic et de l'antimoine en renferment quatre.

48. *Poids atomiques des corps simples non volatils.* — Quelques corps ne donnent pas de composés volatils, il est donc impossible de déterminer leur poids atomique par la méthode précédente; on fait alors intervenir les deux considérations suivantes, qui permettent en outre de vérifier les résultats obtenus par la première méthode.

1° *Loi de Dulong et Petit.* — *Le produit du poids atomique p d'un corps simple par sa chaleur spécifique c, à l'état solide, est un nombre sensiblement constant et égal à 6,4.*

On a donc $pc = 6,4,$ d'où $p = \dfrac{6,4}{c}.$

Ainsi le mercure forme avec l'oxygène deux composés contenant, pour 8 d'oxygène, l'un 100 de mercure, l'autre 200; la chaleur spécifique du mercure étant 0,032, en appliquant la loi précédente on trouve $p = \dfrac{6,4}{0,032} = 200.$ Le poids atomique du mercure est donc 200.

2° *Loi de l'isomorphisme ou de Mitscherlich.* — *Les corps isomorphes ont des constitutions chimiques semblables.*

Ainsi l'alumine est le seul oxyde connu de l'aluminium; or les composés de l'alumine sont isomorphes des sels de sesquioxyde de fer; on en conclut que l'alumine et le sesquioxyde de fer ont des constitutions chimiques semblables, et doivent être représentés par la même formule. Celle-ci étant connue, il est facile d'en déduire le poids atomique de l'aluminium.

49. Remarque. — Puisqu'il entre toujours un nombre entier d'atomes de chacun des composants dans la molécule d'un composé, les rapports pondéraux suivant lesquels se combinent les composants sont représentés par leurs poids atomiques ou par des multiples simples de ces poids. Les poids atomiques expriment donc les nombres proportionnels suivant lesquels s'effectuent les combinaisons des corps entre eux (43).

50. Volume moléculaire et volume atomique. — Tous les gaz, à volume égal, renferment le même nombre de molécules; cette hypothèse revient évidemment à supposer que la molécule de tous les gaz occupe un volume constant, qu'on appelle l'*unité de volume moléculaire*.

D'après la remarque du n° 47, les atomes de *presque tous les corps*, à l'état gazeux, occupent aussi un volume constant égal à la moitié de l'unité de volume moléculaire et qu'on appelle *unité de volume atomique*.

Les poids moléculaires représentent donc les poids relatifs d'une molécule des corps sous l'unité de volume moléculaire et les poids atomiques représentent les poids relatifs d'un atome des corps sous l'unité de volume atomique.

51. Idée de l'écriture chimique. — Il résulte de l'analyse et de la synthèse de l'eau que 2 volumes d'hydrogène, représentant un poids que nous appellerons 2, se combinent avec 1 volume d'oxygène représentant un poids 16. Pour abréger, représentons l'hydrogène et l'oxygène par les *symboles* H et O, et convenons en outre que le symbole H représente un poids 1 d'hydrogène correspondant à 1 volume de ce gaz; il est visible que la quantité d'hydrogène entrant dans la composition de l'eau sera représentée par H^2 (en poids et en volume). Si de même le symbole O représente à la fois le poids 16 et le volume 1 d'oxygène se combinant au poids 2 d'hydrogène, nous aurons une figuration complète de la composition de l'eau en la représentant par la *formule* H^2O.

Cette formule indique, d'une part, 2 volumes d'hydrogène + 1 volume d'oxygène (donnant 2 volumes de vapeur d'eau), et, d'autre part, un poids 2 d'hydrogène + un poids 16 d'oxygène (soit un poids 18 de vapeur d'eau).

Il est évident que cette formule représente, non les poids ou les volumes des gaz composant une quantité déterminée de vapeur d'eau, mais les poids et les volumes des gaz constituants de l'eau en général, soit même de ce que nous avons appelé une molécule d'eau.

Or, les poids atomiques de l'hydrogène et de l'oxygène étant 1 et 16, il en résulte qu'une molécule d'eau est composée de 2 atomes d'hydrogène et 1 atome d'oxygène, puisque l'atome de chacun de ces corps occupe le volume 1. On sait aussi que la molécule d'eau occupe le volume 2 ou l'unité de volume moléculaire.

52. Symboles des corps simples. — On comprend qu'il serait avantageux de pouvoir figurer, comme nous l'avons fait pour l'hydrogène, l'oxygène et l'eau, les différents corps simples et aussi les nombreux composés auxquels ils donnent naissance. On a donc imaginé des *symboles* pour représenter chaque corps simple; ces symboles sont consignés dans la troisième colonne du tableau de la page 54.

Il est nécessaire, comme nous l'avons fait précédemment pour H et O (51), d'attacher aux symboles une double signification se rapportant au volume et au poids : 1° le symbole représente l'atome du corps, et par suite indique un volume égal à l'unité; 2° le symbole représente en outre ce que nous avons appelé le poids atomique du corps (4° colonne du tableau, page 54).

Ainsi le symbole Az représente à la fois un atome d'azote occupant 1 volume, et le poids atomique 14.

Il faut attacher la même signification à chacun des symboles du tableau indiqué.

Si l'on veut représenter symboliquement la molécule d'un corps simple, il faudra tenir compte de ce qui a été dit au n° 47. Ainsi les molécules des corps suivants: hydrogène, oxygène, chlore, zinc et phosphore, seraient représentées par les symboles :

$$H^2 = 1 \times 2 = 2, \quad O^2 = 16 \times 2 = 32, \quad Cl^2 = 35,5 \times 2 = 71,$$
$$Zn = 65, \quad P^4 = 31 \times 4 = 124.$$

53. Formules des corps composés. — Comme nous l'avons fait pour l'eau, on peut représenter la molécule des corps composés par une *formule* dans laquelle entreront les symboles de tous les composants; chacun des symboles est accompagné d'un exposant égal au nombre d'atomes de chaque corps qui entrent dans la constitution de la molécule du composé; cependant, s'il n'y a qu'un atome, on supprime l'exposant.

C'est ainsi qu'on est conduit à représenter l'eau par la formule H^2O; mais on comprend qu'une formule telle que H^4O^2 et toute formule de la forme générale $H^{2n}O^n$ représenterait aussi très exactement la composition de l'eau. Il faut donc déterminer, parmi toutes les formules possibles, celle qu'on choisira. Par convention, *la formule des corps composés doit représenter la composition en poids du composé (supposé à l'état gazeux) sous l'unité de volume moléculaire.*

Cherchons le volume occupé par 2 grammes d'hydrogène, dont la densité est 0,0695: le poids du litre est $1,293 \times 0,0695 = 0$ gr. 09; le volume cherché est donc $\dfrac{2}{0,09}$ ou $22^l,2$. On peut dire aussi que la molécule d'hydrogène, dont le poids est représenté par le nombre 2, occupe un volume représenté par le nombre 22,2. Ce nombre 22,2 doit donc être aussi le volume occupé par la molécule de tout corps gazeux ou volatil.

Pour l'eau, 2 grammes d'hydrogène et 16 grammes d'oxygène produisent 18 grammes de vapeur d'eau; or, la densité de celle-ci étant 0,6235, le poids du litre est $1,293 \times 0,6235$ ou 0 gr. 809; le volume occupé par les 18 grammes de vapeur d'eau est donc $\dfrac{18}{0,809} = 22^l,2$. On peut donc dire que la molécule de vapeur d'eau, comme celle d'hydrogène, est représentée par le nombre 22,2 si les masses réagissantes d'hydrogène et d'oxygène le sont par les nombres 2 et 16. Pour satisfaire à la constance du volume moléculaire, la formule générale $H^{2n}O^n$ doit donc s'écrire H^2O.

De même le gaz ammoniac peut être représenté par la formule Az^nH^{3n}, qui indique exactement les proportions en poids suivant lesquelles les deux gaz se combinent;

mais il serait facile de vérifier que, pour qu'elle représente en même temps l'unité de volume moléculaire, il faut $n = 1$; et la formule du gaz ammoniac est AzH^3.

Les formules ainsi déterminées représentent aussi évidemment celles des corps à l'état liquide ou à l'état solide, les changements d'état physique ne modifiant pas la nature intime des corps, mais seulement les rapports de liaison qui unissent les molécules.

Nous indiquerons ici les formules des principaux corps composés dont nous avons parlé jusque-là :

Oxyde magnétique de fer................	Fe^3O^4
Acide sulfurique......................	SO^4H^2
Acide chlorhydrique...................	HCl
Chlorate de potassium.................	ClO^3K
Bioxyde de manganèse.................	MnO^2
Oxyde de carbone.....................	CO
Anhydride carbonique.................	CO^2

54. Valence ou atomicité. — Nous ferons comprendre ici sommairement ce qu'il faut entendre par la *valence* ou *atomicité*.

L'analyse de l'acide chlorhydrique prouve que 1 volume de chlore y est combiné avec 1 volume d'hydrogène; et comme 1 volume de chlore renferme autant de molécules que 1 volume d'hydrogène, on est conduit à admettre que dans l'acide chlorhydrique un atome de chlore est combiné à 1 atome d'hydrogène. L'eau se compose de 2 volumes d'hydrogène combinés à 1 volume d'oxygène; il y a donc dans un volume d'eau déterminé deux fois plus d'atomes d'hydrogène que d'atomes d'oxygène; chaque atome d'oxygène s'y trouve donc combiné à 2 atomes d'hydrogène. Dans le gaz ammoniac, 1 volume d'azote est combiné avec 3 volumes d'hydrogène, donc 1 atome d'azote y est combiné avec 3 atomes d'hydrogène. Dans le formène, 1 volume de vapeur de carbone est combiné avec 4 volumes d'hydrogène; donc 1 atome de carbone y est combiné avec 4 atomes d'hydrogène.

Ces faits nous prouvent que, dans les corps que nous venons de considérer, les atomes de chlore, d'oxygène, d'azote et de carbone n'ont pas la même force attractive pour 1 atome d'hydrogène, puisqu'un atome de chlore se combine à un seul atome d'hydrogène, tandis que celui de l'oxygène se combine à 2 atomes d'hydrogène, celui de l'azote à 3 et celui du carbone à 4. C'est ce qu'on exprime en disant que l'atomicité du chlore, de l'oxygène, de l'azote et du carbone est différente par rapport à l'hydrogène, qu'elle est 1 dans le chlore, 2 dans l'oxygène, 3 dans l'azote, 4 dans le carbone. On dit aussi que le chlore est *monovalent*, l'oxygène *bivalent* ou *divalent*, l'azote *trivalent* et le carbone *tétravalent*. Ajoutons que le brome, l'iode et le fluor sont monovalents; que le soufre est divalent, l'arsenic trivalent, le silicium tétravalent.

Il faut remarquer que les atomes de chlore et de brome, qui s'unissent à l'hydrogène atome à atome, peuvent être considérés comme équivalents entre eux; et, comme dans un grand nombre de combinaisons ils se *substituent* à lui atome à atome, on peut dire aussi qu'un atome de ces corps équivaut à un atome d'hydrogène. L'hydrogène devra donc être considéré comme monovalent. Il en résulte que, lorsqu'un corps ne donnera pas de combinaisons avec l'hydrogène, on pourra cependant fixer son atomicité en cherchant le nombre d'atomes de chlore, de brome ou d'un corps monovalent avec lequel se combine un atome de ce corps. Ainsi on pourra dire que le bore, qui ne se combine pas avec l'hydrogène, est trivalent, parce que dans les chlorure, bromure et fluorure de bore, l'atome de bore se combine avec trois atomes de chlore, de brome ou de fluor. C'est ainsi qu'on fixe l'atomicité des métaux qui ne se combinent pas, en général, avec l'hydrogène.

Pour indiquer la valence, on écrit quelquefois le symbole du corps considéré, en l'accompagnant d'accents; ainsi on écrira :

$$Cl', \quad O'', \quad Az''', \quad C''''.$$

La valence n'est pas une propriété absolument constante; ainsi l'azote est *trivalent* dans le gaz ammoniac AzH^3, mais il est *pentavalent* dans le chlorure d'ammonium AzH^4Cl.

Lorsqu'un corps ne peut pas donner de dérivés par l'*addition* d'un autre corps, mais seulement par la *substitution* de celui-ci à l'un de ses éléments, on dit qu'il est *saturé* : tel est l'acide sulfurique SO^4H^2. Au contraire, l'oxyde de carbone CO n'est pas un corps saturé puisqu'il peut s'adjoindre un atome d'oxygène pour donner l'anhydride carbonique CO^2; on remarquera d'ailleurs que, le carbone étant tétravalent, sa valence ne peut être satisfaite par un seul atome d'oxygène (corps divalent).

Les corps non saturés et les *résidus* qu'on obtient en enlevant un ou plusieurs atomes à un corps saturé sont appelés *radicaux*. La valence des radicaux est égale à celle des atomes qui manquent pour amener la saturation ; ainsi :

CO est divalent,
Oxyde de carbone.

HO (H^2O—H), *oxhydrile*   — monovalent,
   Eau. Hydrogène.

SO^4 (SO^4H^2—H^2)   — divalent.
    Acide Hydrogène.
   sulfurique.

Tableau de la valence, des symboles et des poids atomiques des principaux corps simples.

NOMS	VALENCE	SYMBOLES	POIDS ATOMIQUES
Aluminium	4	Al	27
Antimoine	3	Sb	120
Argent	1	Ag	108
Arsenic	3	As	75
Azote	3	Az	14
Baryum	2	Ba	137
Bismuth	3	Bi	208
Bore	3	B	11
Brome	1	Br	80
Calcium	2	Ca′	40
Carbone	4	C	12
Chlore	1	Cl	35,5
Chrome	2-4	Cr	52
Cobalt	2-4	Co	59
Cuivre	2	Cu	63,5
Étain	2-4	Sn	118
Fer	2-4	Fe	56
Fluor	1	Fl	19
Glucinium	»	Gl	9
Hydrogène	1	H	1
Iode	1	I	127
Iridium	»	Ir	193
Lithium	1	Li	7
Magnésium	2	Mg	24
Manganèse	2-4	Mn	55
Mercure	2	Hg	200
Nickel	2-4	Ni	59
Or	3	Au	197
Osmium	»	Os	191
Oxygène	2	O	16
Phosphore	3	P	31
Platine	2-4	Pt	195
Plomb	2	Pb	207
Potassium	1	K	39
Radium	»	»	»
Sélénium	2	Se	79
Silicium	4	Si	28
Sodium	1	Na	23
Soufre	2	S	32
Strontium	2,	Sr	87
Tellure	2	Te	127
Zinc	2	Zn	65

Nous indiquons par les chiffres 1, 2, 3 et 4, à la deuxième colonne du tableau de la page 54, la valence des corps les plus importants; on remarquera que quelques corps ont deux valences différentes.

55. *Conseils pédagogiques.* — Cette leçon étant assez délicate, on fera déterminer sur d'assez nombreux exemples :

1° Le poids moléculaire, étant donné la densité à l'état gazeux et inversement ;

2° Le volume occupé par ce poids moléculaire, étant donné la formule du composé;

3° La formule, étant donné le rapport en poids des composants.

Exemple : Soit le gaz carbonique.

1° Sa densité étant 1,529, son poids moléculaire est $1,529 \times 28,8 = 44$.

Son poids moléculaire étant 44, sa densité est $44 : 28,8 = 1,529$. On peut encore dire : le gaz carbonique a pour poids moléculaire 44; ce poids représente 2 volumes; par suite 1 volume de ce gaz pèse 22, si l'on appelle 1 le poids d'un volume d'hydrogène. Le gaz carbonique a donc une densité 22 fois plus grande que celle de l'hydrogène, soit $0,0695 \times 22 = 1,529$.

2° Le poids moléculaire du gaz carbonique étant 44, on peut dire que 44 grammes de ce gaz occupent un volume de $\dfrac{44}{1,293 \times 1,529} = 22^l,2$; autrement dit, la molécule de ce composé pesant 44 occupe l'unité de volume moléculaire.

3° Sachant que 100 parties de gaz carbonique renferment 27,27 de carbone, et 72,72 d'oxygène, cherchons la formule de ce corps.

Pour 12 parties de carbone, il y aurait $72,72 \times \dfrac{12}{27,27} = 32$ parties d'oxygène; soit 1 atome de carbone pour 2 atomes d'oxygène; la formule de ce composé est donc $C^n O^{2n}$; on verra ensuite (53) que cette formule représente l'unité de volume moléculaire, si $n = 1$.

CHAPITRE VII

Nomenclature chimique.
Equations chimiques.

NOMENCLATURE CHIMIQUE

56. On désigne sous le nom de *nomenclature chimique* un ensemble de règles adoptées pour désigner les corps si nombreux de la chimie, règles qui ont l'avantage d'indiquer par le nom du composé la nature de ce composé et des corps qui entrent dans sa constitution. Ce fût Guyton de Morveau[1] qui, dès 1782, signala à l'Académie des Sciences la nécessité d'arrêter cet ensemble de règles, à la rédaction desquelles concoururent avec lui Lavoisier, Berthollet[2] et de Fourcroy[3]. La nomenclature chimique a été modifiée depuis, en un certain nombre de points.

Nous ne réunirons pas en un seul chapitre les règles assez nombreuses de la nomenclature; les différents corps étudiés par la suite nous fourniront l'occasion de les indiquer successivement. Avant d'exposer les règles indispensables, nous allons définir quelques termes.

57. Réactifs colorés. — On appelle *réactifs colorés* des substances qui, par un changement de coloration, permettent de distinguer les corps chimiques les uns des autres. Les plus employés sont la *teinture de tournesol* et le *sirop de violettes.*

Le tournesol est une substance solide, de couleur bleue, qu'on extrait de certains lichens. Si l'on fait une décoction de tournesol, c'est-à-dire si l'on fait bouillir

1. Guyton de Morveau, chimiste, né à Dijon en 1737; mort en 1816.
2. Berthollet, membre de l'Institut, né en Savoie en 1749; mort en 1822.
3. De Fourcroy, chimiste, né à Paris en 1755; mort en 1809.

cette substance avec de l'eau, la matière colorante se dissout, et le liquide filtré constitue la teinture de tournesol. On appelle *papier de tournesol* du papier trempé dans de la teinture de tournesol, puis séché. Ce papier est employé aux mêmes usages que la teinture de tournesol.

On prépare le sirop de violettes en faisant infuser des violettes dans de l'eau, et en ajoutant à l'infusion un peu de sucre. Sa couleur naturelle est violette.

58. Acides. — Versons dans de la teinture bleue de tournesol quelques gouttes de vinaigre, et agitons : la teinture passe immédiatement du bleu au rouge. On dit alors que le vinaigre est un *acide* (acide acétique). *On appelle acide un corps qui jouit de la propriété de faire passer du bleu au rouge la teinture de tournesol.*

Avec de l'acide sulfurique, de l'acide chlorhydrique, etc., on aurait obtenu le même résultat.

Les acides donnent aussi au sirop de violettes une coloration rouge.

59. Bases. — Dans de la teinture de tournesol rougie par un acide, versons quelques gouttes de chaux, et agitons : la teinture reprend sa couleur bleue. On dit que la chaux est une *base*. *On appelle base un corps qui ramène au bleu la teinture de tournesol préalablement rougie par un acide.* La potasse, la soude, l'ammoniaque sont aussi des bases.

Les bases donnent au sirop de violettes la coloration *verte*.

60. Corps neutres. — Un corps *neutre* est un corps qui n'agit sur la teinture de tournesol ni pour la rougir quand elle est bleue, ni pour la bleuir quand elle est rouge; il ne produit également aucun changement de coloration dans le sirop de violettes. Tels sont l'eau, le sel de cuisine, le sulfate de calcium qui, à l'état de plâtre, sert dans les constructions.

61. Métalloïdes. Métaux. — Il y a environ 70 corps simples, qu'on divise en deux classes : les *métalloïdes* et les *métaux*.

Un *métalloïde* est un corps qui, en se combinant avec l'oxygène, ne produit jamais de base, mais des acides ou des corps neutres. C'est là la propriété caractéristique des métalloïdes. Ils sont en général dénués d'éclat et conduisent mal la chaleur et l'électricité. Tels sont l'oxygène, l'azote, le soufre, le phosphore, le charbon, le chlore, etc. Il y a 15 métalloïdes.

Un *métal* est un corps qui a pour propriété caractéristique de former avec l'oxygène au moins une base. Les métaux peuvent aussi donner lieu à des acides, mais jamais à des corps neutres. Ils ont un éclat qu'on appelle *éclat métallique* et conduisent bien la chaleur et l'électricité. Tels sont le fer, le zinc, l'étain, le cuivre, le plomb, le mercure, l'argent, l'or et le platine. Il y a une cinquantaine de métaux.

62. Nomenclature des corps simples. — Les corps simples ont en général conservé les noms par lesquels ils étaient primitivement désignés; d'autres, au moment de leur découverte, ont tiré leur nom de celui que portait déjà leur composé le plus important. Tels sont le *potassium* et le *sodium*, extraits de la potasse et de la soude.

63. Composés binaires. — Les corps simples peuvent se combiner deux à deux pour engendrer des composés dits *binaires*; pour exposer les règles qui servent à nommer ces composés, nous distinguerons deux cas, suivant que l'oxygène entre ou non dans la combinaison.

64. Nomenclature des composés binaires non oxygénés. — Un composé non oxygéné *binaire*, c'est-à-dire un corps renfermant deux corps simples dans sa molécule, se désigne par le nom de l'un des éléments, qu'on fait suivre de la terminaison *ure* et qu'on unit au nom du second élément par la préposition *de*. Ainsi l'on dira *chlorure de plomb* pour désigner la combinaison de chlore et de plomb. Il semble qu'on devrait pouvoir dire *plombure de chlore*; mais, pour fixer l'incertitude, on est convenu d'énoncer d'abord le nom du corps qui va au pôle positif, quand on décompose le composé par le courant électrique. Dans un composé formé par un métalloïde et un métal, c'est toujours le métalloïde qui va au pôle positif et qui sera nommé le premier.

Souvent le corps qui va au pôle positif forme avec le second corps plusieurs composés, qui diffèrent entre eux par la proportion du premier. Ainsi le soufre et le potassium forment ensemble cinq composés, dans lesquels il entre, pour une même quantité, 39 de potassium ou 1 atome :

		32 parties de soufre dans le premier	ou 1 atome.
2 fois 32 ou	64	—	— second	ou 2 atomes.
3	—	96	—	— troisième	ou 3 atomes.
4	—	128	—	— quatrième	ou 4 atomes.
5	—	160	—	— cinquième	ou 5 atomes.

On exprime ces différences en faisant précéder les mots *sulfure de potassium* des préfixes *proto* pour le premier, *bi* pour le second, *tri* pour le troisième, *quadri* ou *tétra* pour le quatrième, *quinti* ou *penta* pour le cinquième. Ainsi l'on dira :

Protosulfure de potassium.
Bisulfure de potassium.
Trisulfure de potassium.
Quadrisulfure ou tétrasulfure de potassium.
Quintisulfure ou pentasulfure de potassium.

Le chlore et le fer forment deux composés, et le composé le plus chloruré contient 1 fois et 1/2 autant de chlore que l'autre ; le plus chloruré s'appelle *sesquichlorure de fer*, et l'autre *protochlorure de fer*.

On appliquera ces règles dans tous les cas analogues.

Assez souvent, par des considérations d'euphonie ou autres, on déroge un peu aux règles précédentes. Ainsi, on ne dit pas *phosphorure d'hydrogène* pour désigner la combinaison du phosphore et de l'hydrogène, mais *phosphure* d'hydrogène ; on ne dit pas du *soufrure* de fer, mais du *sulfure* de fer.

L'usage apprendra ces dérogations à la règle générale.

65. **Hydracides.** — Parmi les exceptions au principe

de la nomenclature des composés binaires non oxygénés, nous citerons spécialement celle qui est relative aux composés acides que certains métalloïdes, comme le chlore, le brome, l'iode, le soufre, le sélénium et le tellure, forment avec l'hydrogène. Ces composés, qu'on appelle *hydracides*, d'une manière générale, se désignent par le mot *acide* suivi d'un mot formé par le nom du corps qui se rend au pôle positif et la terminaison *hydrique* (la particule *hydr* indiquant que l'hydrogène entre dans la composition du corps). Ainsi l'on dira :

Acide chlorhydrique (chlore et hydrogène).
— bromhydrique (brome et hydrogène).
— sulfhydrique (soufre et hydrogène).

66. **Nomenclature des composés binaires oxygénés.** — Les composés binaires oxygénés, basiques, ou neutres, sont désignés par le mot *oxyde*, uni par la préposition *de* au nom du corps combiné à l'oxygène :

Oxyde de zinc, oxyde d'azote.

Si l'oxygène forme avec un même corps plusieurs composés neutres ou basiques, on se sert, pour les distinguer, des préfixes *proto*, *bi*, *sesqui*, etc., comme on l'a fait pour les composés binaires non oxygénés :

Protoxyde de manganèse.
Sesquioxyde de manganèse.
Bioxyde de manganèse.

On tend aujourd'hui à abandonner ces dénominations et à donner la terminaison *eux* au composé le moins oxygéné, et la terminaison *ique* au composé le plus oxygéné. Le protoxyde de fer s'appelle de l'oxyde *ferreux*, et le sesquioxyde de l'oxyde *ferrique*.

Certains oxydes ont conservé des noms qui ne sont pas conformes aux règles de la nomenclature. Ainsi les mots *potasse, soude, chaux, baryte, magnésie, alumine,...* désignent des oxydes de potassium, sodium, calcium, baryum, magnésium, aluminium.

ÉQUATIONS CHIMIQUES

67. Équations chimiques. — A l'aide des symboles et des formulés chimiques, on parvient à représenter, d'un manière simple, des réactions compliquées, et bien plus facilement qu'on ne pourrait le faire en se servant du langage ordinaire ou des légendes que nous avons employées jusqu'ici.

Quand plusieurs corps mis en présence réagissent l'un sur l'autre et donnent lieu à de nouveaux corps, on représente la réaction de la manière suivante : on écrit d'abord, les symboles et les formules des corps mis en présence, en les séparant par le signe +; on fait suivre cette énumération du signe =, et l'on écrit à la suite les symboles des corps nouveaux produits dans la réaction, en séparant ces symboles par le signe +.

Veut-on exprimer une décomposition, par exemple la décomposition de la vapeur d'eau par le fer; on écrira :

$$4H^2O \quad + \quad 3Fe \quad = \quad Fe^3O^4 \quad + \quad 8H$$

<table>
<tr><td>Eau.</td><td>Fer.</td><td>Oxyde magnétique
de fer.</td><td>Hydrogène.</td></tr>
</table>

On doit retrouver dans la seconde partie de l'égalité tout ce qui entre dans la première; c'est là une manière de vérifier si l'on ne s'est pas trompé en écrivant l'expression de la réaction.

Les équations suivantes expriment un certain nombre de réactions précédemment décrites et que nous n'avons pu exprimer que par des légendes :

1° Préparation de l'oxygène par le bioxyde de manganèse :

$$3MnO^2 \quad = \quad Mn^3O^4 \quad + \quad 2O$$

<table>
<tr><td>Bioxyde
de manganèse.</td><td>Oxyde salin
de manganèse.</td><td>Oxygène.</td></tr>
</table>

2° Préparation de l'oxygène par le chlorate de potassium :

$$ClO^3K \quad = \quad KCl \quad + \quad 3O$$

<table>
<tr><td>Chlorate
de potassium.</td><td>Chlorure
de potassium.</td><td>Oxygène.</td></tr>
</table>

4

3° Préparation de l'hydrogène par le zinc et l'acide sulfurique :

$$Zn + SO^4H^2 = SO^4Zn + 2H$$

   Zinc.   Acide   Sulfate   Hydrogène.
             sulfurique.   de zinc.

68. Évaluation numérique des équations chimiques. — Il résulte de ce que nous avons dit sur la signification numérique des symboles et des formules, que les équations chimiques représentent des *relations numériques entre les poids des corps considérés.*

Ainsi reprenons l'équation chimique qui montre la préparation de l'oxygène par le chlorate de potassium, et écrivons au-dessous de chaque symbole le poids atomique correspondant, en le multipliant, quand il y a lieu, par l'exposant qui joue le rôle de coefficient.

$$ClO^3K = KCl + 3O$$
$$\underbrace{35,5+(16\times3)+39}_{122,5} = \underbrace{39+35,5}_{74,5} + \underbrace{16\times3}_{48}$$

On voit que le poids de la molécule de chlorate de potassium, qui est égal à 122,5, donne, par sa décomposition, 3 atomes d'oxygène dont le poids est $16\times3=48$; ce qu'on pourra exprimer plus simplement en disant, par exemple, que 122 gr. 5 de chlorate de potassium donnent 48 grammes d'oxygène. Il suffit donc d'une règle de trois simple pour trouver quelle quantité de chlorate de potassium on devrait chauffer, afin d'obtenir un poids déterminé d'oxygène, ou bien encore quelle quantité d'oxygène on obtiendrait avec un poids déterminé de chlorate de potassium.

69. Remarque. — Les équations chimiques donnent des relations *en poids*; mais il est toujours facile de déterminer le volume d'une masse gazeuse, si l'on en connaît le poids. Il suffit, en effet, de diviser le poids total du gaz par le poids de 1 litre. Réciproquement, étant donné un certain volume de gaz, on en trouvera le poids en multipliant le poids de 1 litre par le volume exprimé en litres. Le poids du litre de gaz étant donné à 0 degré et à la pression de 760 millimètres, les volumes de gaz devront être pris dans les mêmes conditions de température et de pression.

70. Exercices numériques sur les équations chimiques. — 1er EXERCICE. — *Quel volume d'oxygène prépare-t-on avec 1 kilogramme de chlorate de potassium?*

Puisque 122 gr. 5 de chlorate de potassium donnent 48 grammes d'oxygène (68), 1 gramme de chlorate de potassium donne $\dfrac{48}{122,5}$ et 1 000 grammes donnent

$$\frac{48 \times 1000}{122,5} = 391 \text{ gr. } 83 \text{ d'oxygène.}$$

Un litre d'oxygène pesant 1 gr. 43, le volume d'oxygène obtenu est $\dfrac{391,83}{1,43} = 274$ litres.

2e EXERCICE. — *Quel poids de chlorate de potassium devra-t-on décomposer pour obtenir 10 litres d'oxygène?*

Un litre d'oxygène pesant 1 gr. 43, 10 litres pèsent 1 gr. $43 \times 10 = 14$ gr. 3.

Puisque 48 grammes d'oxygène sont produits par 122 gr. 5 de chlorate de potassium, 1 gramme est produit par $\dfrac{122,5}{48}$ et 14 gr. 3 sont produits par $\dfrac{122,5 \times 14,3}{48}$ = 36 gr. 49.

Ce que nous venons de dire à propos de l'oxygène s'applique à la préparation de tous les corps, ainsi qu'à toutes les réactions chimiques.

3e EXERCICE. — *Quel volume d'hydrogène préparera-t-on avec 1 kilogramme de zinc?*

Écrivons la formule de préparation de l'hydrogène et les poids atomiques correspondant aux symboles :

$$Zn + SO^4H^2 = SO^4Zn + 2H$$
$$32+(16 \times 4)+2 \qquad 32+(16 \times 4)+65$$
$$65 + \underbrace{98} = \underbrace{161} + 2$$

On voit que 65 grammes de zinc donnent 2 grammes d'hydrogène; 1 gramme de zinc donne $\dfrac{2}{65}$ et 1 000 grammes donnent $\dfrac{2 \times 1\,000}{65} = 30$ gr. 76 d'hydrogène.

Un litre d'hydrogène pesant 0 gr. 089, le volume d'hydrogène obtenu est $\dfrac{30,76}{0,089} = 345$ litres.

71. *Expériences simples*. — Faire constater sur la teinture de tournesol ou le sirop de violettes l'action d'un acide, par exemple le vinaigre, et d'une base, par exemple la chaux.

Pour préparer de l'eau de chaux, mettre dans un flacon quelques fragments de chaux, remplir d'eau le flacon, agiter et laisser reposer; le liquide incolore qui surnage est l'eau de chaux. Chaque fois qu'on s'est servi d'eau de chaux, remplir de nouveau le flacon d'eau, agiter et laisser reposer; avoir soin de tenir le flacon bien bouché.

CHAPITRE VIII

Hydrogène.

72. Propriétés physiques. — L'hydrogène a été liquéfié et même solidifié en 1878 par M. Cailletet et par M. Pictet. — M. Pictet a opéré à 650 atmosphères et à une température de 140 degrés au-dessous de zéro. Incolore, sans odeur ni saveur quand il est pur, il est le seul gaz qui conduise bien la chaleur. Il pèse 14 fois 1/2 moins que l'air; sa densité[1] est 0,0695; 1 litre d'hydrogène pèse 0 gr. 089 : c'est le plus léger de tous les corps connus.

Cette légèreté peut être mise en évidence par les expériences suivantes :

1° On adapte, l'une contre l'autre et par leur ouverture, deux éprouvettes de même diamètre (fig. 28) : l'une inférieure H est remplie d'hydrogène, l'autre supérieure A contient de l'air. Au bout de quelques instants l'hydrogène, en vertu de sa légèreté, a passé tout entier dans l'éprouvette A, ce que l'on constate en approchant de son ouverture une allumette enflammée : le gaz qu'elle contient s'enflamme aussitôt, propriété qui appartient à l'hydrogène et que l'air ne possède pas;

2° Après avoir exprimé d'une vessie l'air qu'elle contient, on lui adapte un robinet qui, par l'intermédiaire d'un tube en caoutchouc, la met en communication avec un appareil à hydrogène (fig. 29). Lorsque la vessie est

1. La densité des gaz est toujours prise par rapport à l'air; c'est le rapport qui existe entre le poids d'un certain volume de gaz et le poids du même volume d'air pris tous deux à 0 degré et sous la pression de 760 millimètres. Pour avoir le poids d'un litre de gaz à 0 degré et à 760 millimètres, il faut multiplier la densité de ce gaz par 1 gr. 293, poids d'un litre d'air dans ces conditions.

remplie de gaz, on ferme le robinet et l'on adapte au tube de caoutchouc un tube de verre effilé, dont on trempe l'ex-

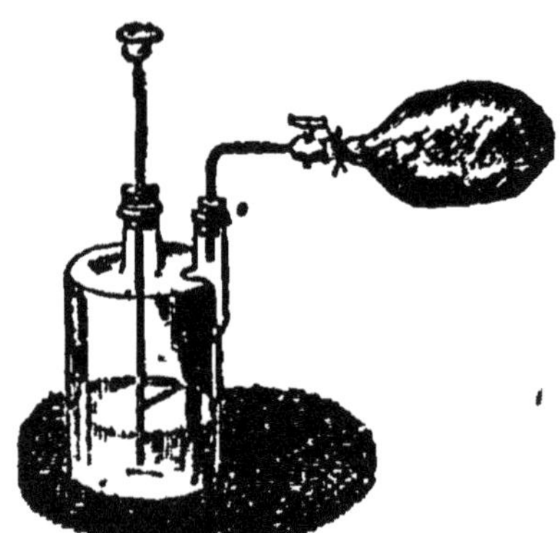

trémité dans une eau de savon assez épaisse : lorsqu'on retire le tube de l'eau, une goutte de liquide reste suspendue à son extrémité et, si l'on ouvre le robinet en pressant légèrement sur la vessie, le

Fig. 28. — Expérience pour démontrer la légèreté de l'hydrogène.

Fig. 29. — Manière de remplir une vessie d'hydrogène.

gaz forme en sortant des bulles de savon, qui s'élèvent rapidement dans l'air où elles peuvent être enflammées à l'aide d'une bougie allumée (fig. 30).

Charles[1] eut le premier l'idée d'appliquer le gaz hydrogène au gonflement des aérostats et de remplacer par lui l'air dilaté que les frères Montgolfier[2] avaient d'abord employé. On dut ensuite renoncer à l'emploi de ce gaz, à cause de la facilité avec laquelle il traverse les membranes.

Cette dernière propriété peut être mise en évidence par l'expérience suivante.

1. Charles (J.-Alexandre-César), physicien, né à Nancy, mort à Paris en 1823. Il devint membre de l'Académie des Sciences en 1785, et professeur au Conservatoire des Arts-et-Métiers.

2. Montgolfier (Joseph-Michel et Jacques-Étienne), célèbres par l'invention des aérostats. Nés tous deux à Vidalon-lès-Annonay, le premier en 1740, le second en 1745. Étienne mourut dans son pays en 1799; Joseph mourut à Paris en 1810. Il était membre de l'Académie et administrateur du Conservatoire des Arts-et-Métiers.

On prend sur la cuve à eau une éprouvette remplie d'hydrogène ; on la ferme avec une feuille de papier bien adaptée contre ses bords ; on la retourne, et une allumette enflammée, présentée au-dessus de la feuille de papier, enflamme le gaz hydrogène qui a traversé cette feuille.

On peut aussi montrer cette propriété, dite propriété

Fig. 30. — Expérience des bulles de savon gonflées par l'hydrogène.

endosmotique, en plaçant un ballon en caoutchouc mince sous une grande cloche remplie d'hydrogène (fig. 31). On a eu soin d'entourer ce ballon d'un fil qui s'applique sur lui sans le serrer. Au bout de quelques heures, l'hydrogène a pénétré dans le ballon, l'a gonflé ; le fil serre le ballon qui, au bout d'un jour, finit le plus souvent par éclater.

L'expérience suivante de H. Sainte-Claire Deville met en évidence la faculté endosmotique de l'hydrogène.

On prend un tube en terre poreuse AB (fig. 32); on l'introduit dans un tube en verre plus large CD, dont on

Fig. 31. — Propriété endosmotique de l'hydrogène.

ferme les deux extrémités avec de bons bouchons. Ces bouchons laissent passer, outre le tube en terre poreuse,

Fig. 32. — Propriété endosmotique de l'hydrogène.

à l'extrémité C, un tube de verre qui amène un courant assez rapide de gaz carbonique, à l'extrémité D un tube abducteur qui se rend sous une éprouvette E. L'extrémité A du tube poreux est en communication avec un

appareil qui fournit un courant lent d'hydrogène ; l'extrémité B porte un tube abducteur qui se rend sous une
éprouvette F. Au bout de peu de temps,
l'hydrogène a traversé le tube poreux
où il est remplacé par le gaz carbonique, si bien que l'éprouvette E, où
l'on devait s'attendre à recueillir du gaz
carbonique, est pleine d'hydrogène,
tandis que l'éprouvette F, qui devait

Fig. 33. — Inflammabilité
de l'hydrogène.

Fig. 34. — L'hydrogène n'entretient
pas la combustion.

contenir de l'hydrogène, est pleine d'un gaz qui trouble
l'eau de chaux, propriété caractéristique du gaz carbonique.

L'hydrogène est très peu soluble dans l'eau : 1 litre
d'eau dissout seulement 17 centimètres cubes de ce gaz.

73. **Propriétés chimiques.** — L'hydrogène a une
grande affinité pour l'oxygène : lorsqu'on approche une
bougie allumée (fig. 33) de l'ouverture d'une éprouvette
remplie de ce gaz, il brûle avec une flamme pâle. Il n'entretient pas la combustion ; car si, comme le représente
la figure 34, on introduit la bougie dans l'éprouvette, elle
s'y éteint. On peut la rallumer en la descendant dans les
couches qui brûlent à l'ouverture, l'éteindre de nouveau,
et ainsi de suite.

Le produit de la combustion de l'hydrogène est de la
vapeur d'eau. Il suffit pour le prouver d'enflammer sous

une cloche C (fig. 35) un jet d'hydrogène qui, à sa sortie du flacon producteur F, s'est desséché dans un tube T rempli d'une substance avide d'eau, comme le chlorure de calcium. La vapeur d'eau produite par la combustion

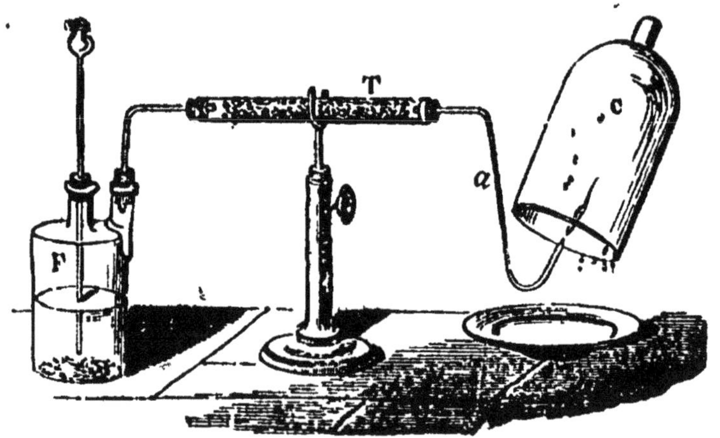

Fig. 35. — La combustion de l'hydrogène produit de l'eau.

du gaz se condense contre les parois froides de la cloche et se résout en gouttelettes liquides qui tombent dans une assiette placée au-dessous d'elle.

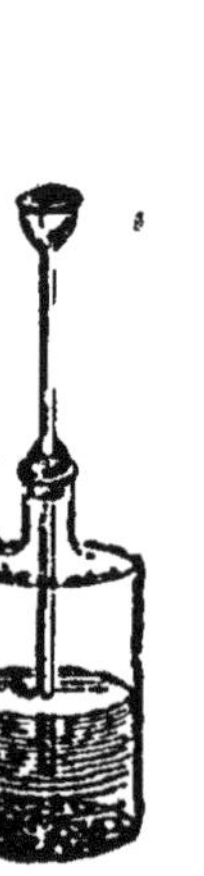

Fig. 36. — Lampe philosophique.

L'inflammabilité de l'hydrogène peut encore être mise en évidence au moyen d'un appareil connu sous le nom de *lampe philosophique*. Il consiste en un flacon à deux tubulures (fig. 36), d'où se dégage par le tube effilé *a* un jet d'hydrogène qu'on enflamme. Avant d'enflammer le gaz, il est nécessaire d'attendre que l'air intérieur des appareils soit complètement expulsé par l'hydrogène; sans quoi, on s'exposerait à des explosions dangereuses, dues à l'inflammation du mélange d'air et d'hydrogène.

Si, en effet, on introduit dans un flacon 1 volume d'hydrogène et 2 volumes 1/2 d'air et qu'on enflamme le mélange, il se produit une vive détonation. Voici ce qui s'est passé : l'hydrogène s'est combiné avec l'oxygène et a fourni de la vapeur d'eau qui, portée à une température élevée, s'est subitement dilatée, est sortie du flacon en poussant l'air devant elle ; mais, au contact des parois froides du vase, la vapeur qui y reste se condense, un vide partiel se produit, et l'air rentre pour le remplir. Il y a donc un double ébranlement de l'air, et c'est là la cause de la détonation ; cette détonation serait plus violente encore, si l'on employait un mélange de 2 volumes d'hydrogène et de 1 volume d'oxygène. Dans les deux cas, il faut prendre la précaution d'entourer le flacon d'un linge, qui protégera l'opérateur contre les accidents que peut occasionner la rupture du vase.

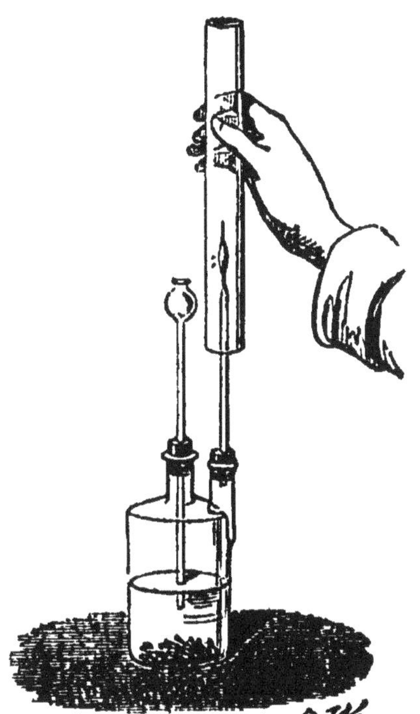

Fig. 37. — Harmonica chimique.

Orgue philosophique ou harmonica chimique. — Si l'on entoure (fig. 37) avec un tube de verre le jet d'hydrogène enflammé qui s'échappe de la lampe philosophique et qu'on l'abaisse peu à peu, la flamme se rétrécit et l'on entend un son dont la nature dépend de la position du tube de verre. L'examen attentif de la flamme montre qu'elle entre en vibration, car elle est soumise à des étranglements alternatifs, qu'on met facilement en évidence en regardant cette flamme dans un miroir tournant rapidement devant elle.

Si la flamme reste à l'entrée du tube résonnateur, il ne se produit pas de son ; pour la forcer à chanter, il suffit de produire dans le voisinage le son qu'elle rendrait spontanément, si elle pénétrait davantage dans le tube.

74. L'hydrogène est un *réducteur*, c'est-à-dire qu'il peut enlever l'oxygène aux corps en présence desquels on le met. Si l'on fait passer un courant d'hydrogène sur un oxyde métallique chauffé, et qu'il puisse par sa combinaison avec l'oxygène dégager plus de chaleur que l'oxyde n'en a dégagé au moment de sa formation, l'oxyde est réduit et le métal est mis en liberté. Tel est le sesquioxyde de fer qui, chauffé dans un courant d'hydrogène, donne lieu à de l'eau et à du fer (fig. 38).

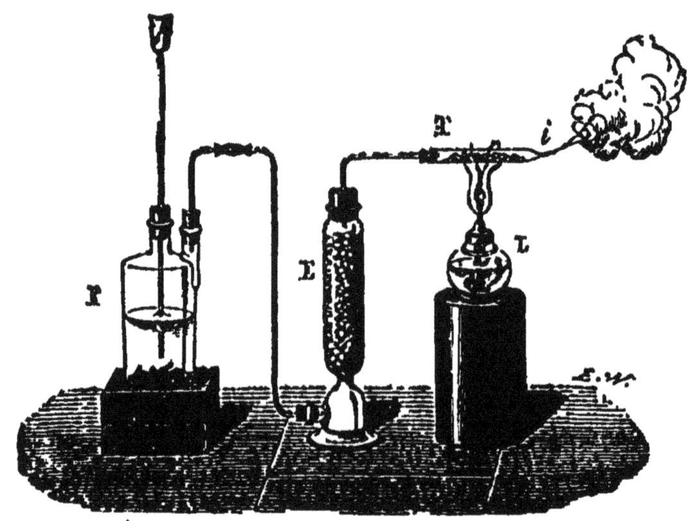

Fig. 38. — Réduction des oxydes par l'hydrogène.

75. Applications. — L'hydrogène est employé à gonfler les aérostats et les ballons en baudruche qui servent de jouets aux enfants. Ces ballons ne doivent jamais être approchés d'une flamme; ils prendraient feu, et l'enfant pourrait être brûlé. Dans les laboratoires, on se sert souvent de l'hydrogène comme réducteur, pour désoxyder les corps. Si on le fait brûler dans un courant d'oxygène, il produit une température très élevée, capable de fondre le platine; si l'on place dans la flamme ainsi obtenue un petit bâton de chaux vive, elle devient très éclairante (*lumière de Drummond*) et sert souvent ainsi pour les lanternes de projection.

76. *Expériences simples.* — Préparer de l'hydrogène par le zinc et l'acide sulfurique, soit avec l'appareil (fig. 11), soit avec l'appareil (fig. 12).

Réaliser les expériences simples indiquées aux n°ˢ 72 et 73.

Pour gonfler des bulles de savon avec de l'hydrogène, il n'est pas absolument nécessaire de recueillir préalablement le gaz dans une vessie : il suffit d'adapter au tube à dégagement un tube de caoutchouc terminé par un tube de verre qu'on plonge dans l'eau de savon.

CHAPITRE IX

Oxygène.

77. Propriétés physiques. — L'oxygène est un corps gazeux, incolore, sans odeur ni saveur. Il a été liquéfié en 1878 par M. Cailletet et par M. Pictet à l'aide de procédés différents. M. Pictet a opéré à 140 degrés au-dessous de zéro et à une pression de 320 atmosphères. Depuis cette époque, on a pu obtenir l'oxygène liquide à une température de 135°,8 au-dessous de zéro, sous une pression de 22,5 atmosphères. L'oxygène est peu soluble dans l'eau : un litre d'eau à 0 degré en dissout environ 50 centimètres cubes. La densité de ce gaz est 1,1052 : un litre d'oxygène à 0 degré, sous la pression de 760 millimètres, pèse 1 gr. 429.

78. Propriétés chimiques. — L'oxygène est éminemment propre à la combustion des corps : nous verrons plus tard qu'il est nécessaire à la respiration. Si l'on plonge dans une éprouvette remplie d'oxygène une allumette qu'on vient d'éteindre, mais qui présente encore quelques points rouges, elle se rallume et brûle avec un vif éclat. Une bougie allumée, plongée (fig. 39) dans un vase rempli d'oxygène, y brûle aussi avec vivacité.

Les expériences suivantes mettent en évidence l'énergie des affinités chimiques de l'oxygène.

Dans un ballon à large goulot, plein d'oxygène, descendons (fig. 40) un charbon ardent placé dans une petite coupelle suspendue à l'extrémité d'un fil de fer : le charbon brûle avec une vive lumière; le phénomène dure jusqu'à ce que tout l'oxygène ait été transformé en *anhydride carbonique*, qui a la propriété de troubler l'eau de chaux et de rougir la teinture de tournesol.

Le soufre enflammé placé dans les mêmes conditions brûle avec

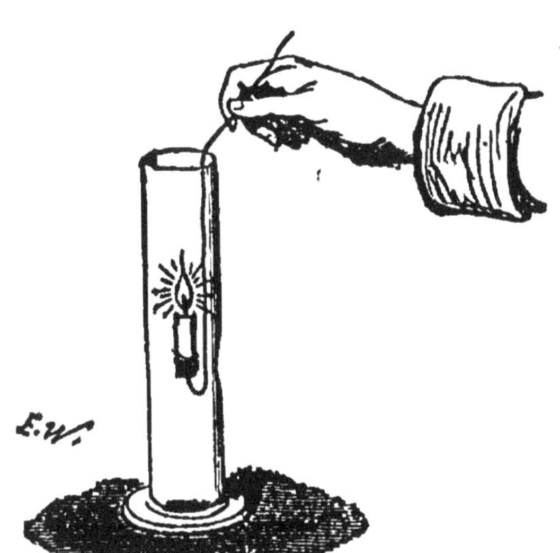

Fig. 39. — Combustion d'une bougie dans l'oxygène.

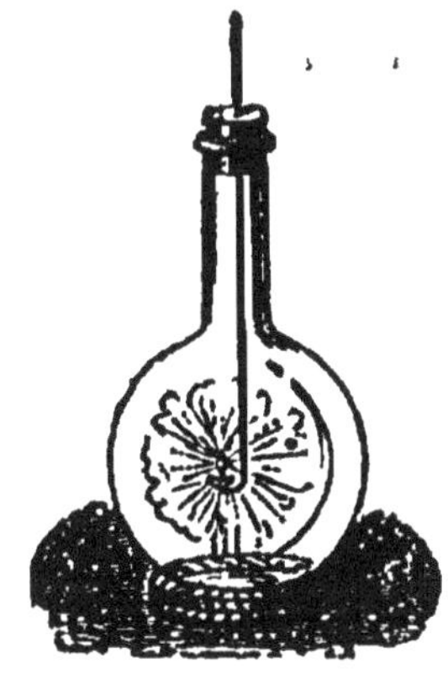

Fig. 40. — Combustion du charbon dans l'oxygène.

une flamme bleue très vive, et donne lieu à un gaz appelé *anhydride sulfureux*, qui provoque les larmes par son odeur suffocante, et

Fig. 41. — Combustion du phosphore dans l'oxygène.

Fig. 42. — Combustion du fer dans l'oxygène.

décolore la teinture de tournesol, après l'avoir rougie.

Le phosphore enflammé brûle aussi dans l'oxygène

avec une flamme d'un éclat éblouissant : il s'élève en même temps des fumées blanches (fig. 41) formées par le corps solide pulvérulent qui résulte de la combinaison du phosphore avec l'oxygène. Ce corps est l'*anhydride phosphorique*.

Enfin suspendons à un bouchon de liège un ressort de montre tourné en spirale, à l'extrémité duquel est attaché un morceau d'amadou; enflammons cet amadou, et descendons le ressort dans un flacon d'oxygène; l'amadou y brûle avec rapidité (fig. 42); sa combustion se communique au ressort d'acier qui brûle à son tour, en lançant de tous côtés de vives étincelles. La chaleur dégagée par la combustion est tellement grande, que l'oxyde formé fond et tombe en globules incandescents, qui s'incrustent dans le fond du flacon. Cet oxyde n'est pas la rouille; c'est un autre oxyde, appelé *oxyde magnétique de fer*. Les parcelles incandescentes, qui se détachent d'un morceau de fer chauffé au rouge lorsque le forgeron le martèle sur l'enclume, sont aussi formées par l'oxyde magnétique.

79. Combustions vives et combustions lentes. — Les expériences précédentes nous montrent que les corps ne brûlent dans l'oxygène que parce qu'ils se combinent avec lui. Ces phénomènes de combinaison des corps avec l'oxygène sont désignés sous le nom de phénomènes de *combustion*. Dans les expériences que nous venons de décrire, la combinaison de l'oxygène et des corps employés s'est faite avec une grande rapidité; on dit que la combustion est *vive*. Dans le cas, au contraire, où l'oxygénation se fait lentement, comme lorsqu'un morceau de fer s'oxyde doucement au contact de l'oxygène humide, on dit encore qu'il y a combustion; mais la combustion est *lente*.

Dans l'air, qui est un mélange des deux gaz oxygène et azote, les mêmes phénomènes de combustion se produisent, mais leur intensité est moins vive, car l'azote tempère, par ses propriétés opposées, l'énergie de la réaction.

Lorsque le charbon brûle dans l'oxygène, on dit que l'oxygène est le *comburant*, et le charbon le *combustible*. Pendant longtemps, on a considéré le mot *combustion* comme exprimant un phénomène d'oxydation; plus tard, on a généralisé sa signification, en le rendant synonyme de *combinaison*. Ainsi, on dit que lorsqu'on combine du soufre avec du cuivre, du chlore avec du phosphore, le cuivre et le phosphore brûlent, le premier dans le soufre, le second dans le chlore : le soufre et le chlore sont ici des comburants en présence du cuivre et du phosphore, qui sont des combustibles. Dans cette accep-tion du mot *combustion*, on appelle *comburants* les corps qui jouent le rôle de l'oxygène, et *combustibles* ceux qui jouent le rôle du charbon.

Nous ferons observer que, le plus souvent maintenant, on conserve au mot *combustion* le sens restreint que lui avait donné Lavoisier. Il y a plus : dans le langage ordi-naire, on désigne par le mot *combustion* la combinaison de l'oxygène avec *dégagement de chaleur et de lumière*, et l'on réserve le mot *oxydation* pour désigner la combinai-son d'un corps avec l'oxygène, quels que soient les phé-nomènes qui l'accompagnent.

On croyait autrefois que la combustibilité des corps était produite par une substance répandue dans toute la nature, qui s'échappait d'eux pendant la combustion, et à laquelle on donnait le nom de *phlogistique*. Mais, quand Scheele eut découvert qu'il y a consommation d'oxygène dans la combustion, quand Lavoisier eut reconnu que le corps brûlé augmente d'un poids précisément égal à celui de l'oxygène consommé, la théorie du phlogistique dut être abandonnée, pour faire place à la théorie universel-lement admise aujourd'hui par les chimistes modernes qui considèrent la combustion comme un phénomène d'oxydation.

Il résulte de là que la combustion ne pourra s'effectuer dans l'air (mélange d'azote et d'oxygène), qu'autant que cet air se renouvellera suffisamment à la surface du combustible. Supposons des charbons en ignition placés au milieu d'une chambre hermétiquement close de toutes parts : l'oxygène de l'air entretiendra d'abord la combustion de ces charbons qui, par leur combinaison avec l'oxygène, produiront de l'anhydride carbonique; mais peu à peu la combustion s'effectuera avec moins d'énergie et finira même par s'arrêter tout à fait. C'est qu'en effet l'oxygène de l'air est lentement absorbé, et au bout d'un certain temps l'atmosphère de la chambre ne renferme plus que de l'azote et de l'anhydride carbonique, gaz incapables tous deux d'entretenir la combustion.

Cela explique la nécessité du tirage des cheminées. Lorsque ce tirage n'est pas suffisant, non seulement les produits de la combustion : fumée, anhydride carbonique, etc., ne sont pas emportés au dehors d'une manière régulière, ce qui présente de nombreux inconvénients pour les personnes qui habitent l'appartement, mais aussi *le feu dort*, comme on dit vulgairement; le combustible ne brûle que péniblement, parce que l'air avec lequel il est en contact ne se renouvelle pas avec assez de rapidité, et que, par suite, la quantité d'oxygène fournie est insuffisante. Tout le monde sait du reste que, pour activer la combustion dans un foyer, il suffit de diriger, à l'aide d'un soufflet, un courant d'air à travers la masse du combustible.

On peut montrer facilement, par l'expérience suivante, la nécessité du renouvellement de l'air dans la combustion des corps. La flamme d'une bougie est produite, comme nous le verrons plus loin, par la combustion de certains gaz qui se dégagent de la cire en fusion. Si nous plaçons une bougie sous une cloche en verre remplie d'air, nous la voyons d'abord brûler comme à l'air libre; puis la flamme s'allonge, pâlit et s'éteint. Cela est dû à l'absorption graduelle de l'oxygène que renfermait l'air de la cloche.

80. **Chaleur dégagée par la combustion des principaux corps combustibles.** — Les physiciens ont déter-

miné les quantités de chaleur dégagées par la combustion des principaux corps combustibles. Le tableau suivant indique les résultats obtenus pour 1 kilogramme de combustible. La quantité de chaleur y est exprimée en calories, la *calorie* étant la quantité de chaleur nécessaire pour élever de 0 degré à 1 degré la température d'un kilogramme d'eau.

	Calories.
Hydrogène	34 500
Oxyde de carbone	2 400
Formène	13 060
Éthylène	11 860
Alcool	7 180
Charbon de bois	8 000
Houille	7 200 à 8 600
Bois sec (contenant 25 à 30 p. 100 d'eau)	2 800 à 3 000
Coke	6 800 à 7 000

81. Ozone. — Lorsqu'on fait passer une série de décharges électriques à travers le gaz oxygène, il prend des propriétés nouvelles. Cette variété d'oxygène a reçu le nom d'*ozone*. Il a une odeur particulière. Vu en grande masse, il est bleu; vu sous une épaisseur faible, il est incolore. Sa densité est 1,658, c'est-à-dire 1 fois et 1/2 celle de l'oxygène. On le considère comme formé de 3 volumes d'oxygène condensés en 2. Il a des propriétés oxydantes plus énergiques que celles de l'oxygène. Il noircit l'argent, oxyde l'iodure de potassium, le transforme en potasse, et met l'iode en liberté. C'est même là une des réactions servant à déceler la présence de l'ozone. On prend une dissolution d'iodure de potassium contenant de l'amidon en suspension. Au contact de l'ozone, la dissolution bleuit, parce que l'iode mis en liberté se combine avec l'amidon et forme avec lui un composé bleu.

La chaleur à partir de 100 degrés ramène l'ozone à l'état d'oxygène ordinaire. L'ozone oxyde les matières organiques, assainit l'air en oxydant les miasmes qu'il renferme. L'air de la campagne renferme plus d'ozone que l'atmosphère des villes.

L'ozone est doué de propriétés microbicides remarquables ; aussi a-t-on proposé de l'appliquer à la stérilisation des eaux ; seul, son prix de revient semble s'opposer à cet emploi, d'une façon courante. Dans les appareils employés à cet effet, c'est l'oxygène de l'air qu'on transforme en ozone.

82. *Expériences simples.* — Préparer de l'oxygène en chauffant dans un ballon un mélange de chlorate de potassium et de bioxyde de manganèse (on peut remplacer le bioxyde de manganèse par du sable *calciné*). L'appareil à préparation peut être monté ainsi que l'indique la figure 15.

Recueillir de l'oxygène dans des éprouvettes et dans des flacons.

Rallumer dans une éprouvette une allumette n'ayant plus qu'un point en ignition.

Effectuer dans des flacons la combustion du charbon et du soufre ; à défaut de coupelle, fixer le charbon, taillé en cône, à l'extrémité d'un fil métallique, et opérer la combustion du soufre dans une éprouvette en employant une dizaine d'allumettes soufrées réunies en paquet.

Pour préparer un ressort de montre destiné à montrer la combustion du fer, le détremper en le faisant passer lentement dans la partie supérieure de la flamme d'une lampe à alcool, puis l'enrouler en spirale sur un crayon. Un fil de fer fin brûle aussi bien, mais projette moins d'étincelles ; on peut, dans ce dernier cas, remplacer l'amadou par un peu de papier. Le flacon destiné à l'expérience de la combustion du fer doit contenir de l'eau sur une hauteur de 4 à 5 centimètres.

Introduire, dans un flacon d'oxygène, un fil de magnésium portant à l'une de ses extrémités un morceau d'amadou enflammé ; il y a production d'une lumière éblouissante, utilisée pour la photographie dans les endroits obscurs.

Exécuter l'expérience indiquée au dernier alinéa du n° 79 ; avoir soin de suiffer les bords de la cloche pour éviter la rentrée de l'air.

CHAPITRE X

De l'eau.

83. Propriétés de l'eau. — L'eau existe dans la nature sous trois états différents : à l'état liquide, à l'état de glace et à l'état de vapeur.

Vue en petite masse, elle est incolore; sous de grandes épaisseurs, elle paraît verdâtre. Quand elle est pure, elle est sans odeur et sans saveur. Lorsqu'on la refroidit, elle se contracte jusqu'à ce qu'elle ait atteint la température de 4 degrés, où sa densité est maximum : à partir de cette température elle se dilate. Arrivée à 0 degré, elle se solidifie en augmentant très sensiblement de volume. 920 centimètres cubes d'eau à 4 degrés peuvent donner en se congelant 1 litre de glace.

La dilatation de l'eau, au moment de sa congélation, se fait avec une force considérable. Huyghens[1] observa qu'un canon de fer qu'il avait complètement rempli d'eau, qu'il avait ensuite fermé et plongé dans un mélange réfrigérant, se brisait avec bruit au moment de la congélation du liquide intérieur.

Cette expérience explique la rupture pendant les gelées des vases remplis d'eau. Les pierres dites *gélives* se fendent, parce que l'eau qu'elles contiennent augmente de volume au moment de la solidification. C'est de là que vient l'expression : *Il gèle à pierre fendre*. On conçoit de même les ravages produits par les gelées tardives, dans les végétaux qu'elles frappent au moment où la sève commence à circuler.

1. Huyghens, savant hollandais, né à la Haye en 1629; mort en 1695.

Lorsqu'elle se congèle, l'eau peut prendre des formes cristallines. La figure 43 représente quelques formes observées dans les cristaux qui composent les flocons de neige.

À la température ordinaire, l'eau se transforme lentement en vapeur, par *évaporation*; si l'on élève suffisamment sa température, elle entre en *ébullition*, et le passage de l'état liquide à l'état de vapeur se fait alors beaucoup plus rapidement.

L'eau est capable de dissoudre un grand nombre de substances solides, liquides ou gazeuses. C'est ce qui fait que l'eau ordinaire que nous rencontrons à la surface de la terre n'a jamais la pureté que nous avons supposée

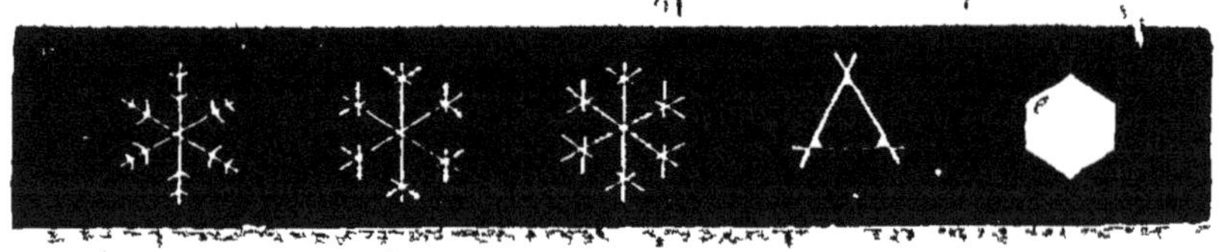

Fig. 43. — Cristaux de neige.

jusqu'ici, et renferme toujours des substances autres que l'hydrogène et l'oxygène.

L'eau qui tombe sous forme de pluie ou de rosée a dissous, dans l'atmosphère, de l'oxygène et de l'azote, du gaz carbonique, quelquefois même une petite quantité d'ammoniaque et d'azotate d'ammoniaque. Ces deux dernières substances existent spécialement dans les pluies d'orage.

L'eau qui coule sur le sol s'infiltre dans la terre, et en sort sous forme de sources, après avoir dissous sur son passage des substances solides qui varient avec la nature des terrains.

84. Gaz dissous dans l'eau. — Une eau qui a été exposée au contact de l'air en contient toujours les éléments. Pour prouver la présence de ces gaz et les recueillir, il suffit de chauffer un ballon (fig. 44) qu'on a rempli exactement d'eau, ainsi que le tube abducteur qui

lé fait communiquer avec une éprouvette placée sur la
cuve à mercure. Les gaz se dégagent et sont recueillis
dans l'éprouvette avec une certaine quantité d'eau que
l'ébullition y a chassée.

L'analyse de ce mélange gazeux montre qu'il est formé
d'oxygène, d'azote et d'anhydride carbonique, c'est-à-dire
des gaz qui entrent dans la composition de l'atmosphère.
L'eau courante renferme environ 50 centimètres cubes
de gaz par litre.

C'est grâce à l'oxygène dissous dans l'eau que les

Fig. 44. — Appareil pour extraire l'air dissous dans l'eau.

poissons et les autres animaux à respiration branchiale
peuvent vivre. Ces animaux ne tardent pas à mourir dans
une eau privée de gaz par l'ébullition.

85. Matières solides dissoutes dans l'eau. — La
nature des substances dissoutes dans les eaux varie suivant la constitution des terrains qu'elles ont traversés,
suivant leur température et le temps pendant lequel elles
sont restées en contact avec les terres, suivant enfin
diverses autres circonstances qu'il serait trop long d'énu-
mérer. Pour prouver la présence de ces substances
solides maintenues en dissolution dans l'eau ordinaire,

Il suffit d'évaporer une certaine quantité de ce liquide dans une capsule : on trouve au fond de la capsule, après l'évaporation, un dépôt solide formé par les substances que l'eau y a abandonnées en se volatilisant.

Ce résidu est le plus souvent composé de carbonates de calcium et de magnésium, de sulfates de calcium et de magnésium, de chlorures de potassium et de sodium, de silice, et quelquefois de matières organiques.

Les carbonates de calcium et de magnésium, insolubles lorsqu'ils sont à l'état de carbonates neutres, sont maintenus en dissolution à l'aide d'un excès de gaz carbonique. Dès qu'on porte à l'ébullition une eau qui en renferme une certaine quantité, cet excès de gaz carbonique se dégage, et les carbonates se précipitent.

Le sulfate de calcium est assez soluble dans l'eau froide : sa solubilité diminue à mesure que la température s'élève, et à 200 degrés elle est presque nulle. La partie précipitée par le fait seul de l'élévation de la température se réunit à celle qui se dépose par l'évaporation du liquide, et donne lieu à la formation de ces croûtes solides et si adhérentes qui se forment au fond des chaudières à vapeur, et qu'on nomme *incrustations*.

Lorsque l'eau qui alimente la chaudière ne contient pas de sulfate de calcium, mais seulement du carbonate de calcium, celui-ci se dépose à l'état de poudre fine et non adhérente, qu'on enlève facilement. Mais lorsqu'elle contient en même temps du sulfate de calcium, chaque parcelle de sulfate déposée sur la chaudière devient un centre d'attraction pour le carbonate qui s'y fixe; ce carbonate se recouvre lui-même de sulfate, et ainsi de suite, de telle sorte que ce dépôt par couches alternatives devient très dur, très adhérent, et ne peut souvent s'enlever qu'à la pioche.

On a proposé bien des substances pour empêcher la formation de ces incrustations, qui nuisent beaucoup à la solidité des chaudières; mais il n'en est guère qui soient d'une efficacité absolue. La fécule de pommes de terre et les copeaux de bois de campêche donnent cependant de bons résultats.

Ces incrustations peuvent être la cause d'explosions des machines à vapeur. Quand, par négligence, le chauffeur n'alimente pas d'eau la chaudière, la partie de la paroi qui n'est plus en contact avec l'eau peut rougir, par suite de la mauvaise conductibilité des incrustations. Si alors il alimente avant d'avoir laissé tomber le feu, l'eau froide, arrivant sur la tôle encore trop chaude, la refroidit brusquement, et il en résulte des contractions, qui ont pour conséquence la rupture de la chaudière déjà ébranlée par l'incandescence. La pression de la vapeur projette au loin les débris de la chaudière, et il peut s'ensuivre les accidents les plus graves.

Ce sont ces incrustations produites par l'évaporation de l'eau, que nous trouvons, sous forme de plaques solides, dans les chaudières de nos fourneaux de cuisine ou dans les bouillottes dont nous nous servons pour faire chauffer l'eau.

Quelques réactions simples permettent de constater la présence des substances les plus importantes contenues dans les eaux.

On reconnaît la présence des sulfates en versant, dans l'eau acidulée avec l'acide azotique, de l'azotate de baryum, qui donne un précipité blanc insoluble de sulfate de baryum. Si l'eau reste limpide en présence de ce réactif, c'est qu'elle ne contient pas de sulfate.

Une eau qui contient des chlorures donne un précipité blanc de chlorure d'argent, quand on y verse quelques gouttes d'une solution d'azotate d'argent.

La présence des sels de calcium se reconnaît par la solution d'oxalate d'ammoniaque, qui donne un précipité blanc d'oxalate de calcium.

Quand une eau contient du bicarbonate de calcium et qu'on y verse une solution alcoolique de bois de campêche, cette liqueur jaune se colore en violet d'autant plus foncé qu'il y a plus de carbonate.

86. Eaux potables. — Une eau, pour être potable, doit être fraîche sans être froide, limpide, sans odeur; avoir peu de saveur. Elle doit contenir, à l'état de gaz dissous, de l'oxygène, de l'azote et du gaz carbonique/ On sait en effet qu'une eau récemment bouillie et privée de gaz donne des nausées, quand on la boit.

Une eau potable ne doit pas contenir de quantités notables de matières organiques, qui, par leur fermentation, en altèrent bientôt la qualité; mais elle doit renfermer des sels en dissolution. La présence du carbonate de calcium, du phosphate de calcium et du chlorure de sodium est utile à la nutrition en général, et, en particulier, au développement de notre système osseux. Il ne faut pas cependant que les matières solides dissoutes dépassent une certaine limite. Quand une eau donne à l'évaporation plus de 0 gr. 5 à 0 gr. 6 de résidu solide par litre, elle doit être rejetée comme boisson, car elle serait lourde et indigeste.

Les eaux d'un grand nombre de puits, de la mer, des mares, des étangs, ne doivent pas, en général, être adoptées pour l'alimentation.

Une bonne eau potable ne doit donner, en présence de la teinture alcoolique de campêche, qu'une légère coloration' bleue: elle ne doit pas former de grumeaux avec la solution alcoolique de savon.

On peut reconnaître la présence des matières organiques dans l'eau, par l'un des deux procédés suivants :

1° On chauffe une certaine quantité d'eau, 1 litre par exemple, à 65 degrés environ; on acidule avec l'acide sulfurique, et l'on verse goutte à goutte une dissolution de permanganate de potassium à 1 gramme par litre. Cette liqueur, d'un beau violet, se décolore en arrivant dans l'eau, si celle-ci renferme des matières organiques;

2° On fait bouillir l'eau à essayer avec quelques gouttes d'une dissolution de chlorure d'or. Cette dissolution communique à l'eau une coloration jaune. S'il y a des matières organiques, la coloration disparaît au bout de quelque temps; le chlorure d'or se décompose, et l'or se dépose à l'état de poussière d'un noir violacé.

Nous renvoyons à ce qui a été dit plus haut (81) sur l'application de l'ozone à la stérilisation des eaux.

87. Filtration des eaux. — On ne doit jamais boire d'eau qui n'ait pas été filtrée, car les eaux de sources les plus pures peuvent, à un moment donné, devenir infectieuses par suite d'infiltrations. Le voisinage d'une fosse d'aisances, d'un amas de fumier, d'une mare mal entretenue peut empoisonner les eaux les meilleures et y introduire des germes de fièvre typhoïde, de choléra, etc.

Il y a bien des espèces de filtres; le meilleur est le filtre *Chamberland, système Pasteur.* Son usage repose sur la propriété qu'ont certaines porcelaines de laisser filtrer l'eau sans se laisser traverser par les matières solides, même les plus ténues, qu'elle tient en suspension.

Quand, dans une maison, arrive l'eau de la concession, on se sert du modèle suivant. Il se compose d'une bougie creuse AB (fig. 45) en porcelaine *dégourdie,* c'est-à-dire n'ayant subi qu'une cuisson. Cette bougie est placée dans une enveloppe métallique D, d'où elle sort par le bas. Un joint à vis et à

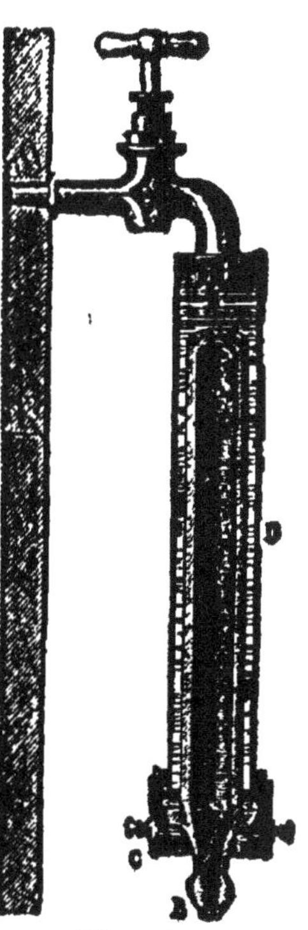
Fig. 45.
Filtre Chamberland
avec pression.

caoutchouc assure l'étanchéité. La partie supérieure de l'enveloppe peut communiquer à l'aide d'un robinet avec le tuyau de la concession. Dès qu'on ouvre le robinet, l'eau arrive en E, sous pression, dans l'espace annulaire compris entre l'enveloppe et la bougie, filtre à travers la bougie et sort par la tubulure inférieure pour se rendre dans le vase destiné à la recevoir (fig. 46). Au bout de peu de temps, la surface extérieure de la bougie s'est recouverte d'un enduit glaireux qu'il faut enlever à la brosse. On démonte le filtre, on met la bougie dans l'eau et on la brosse. Ce nettoyage doit être fait tous les huit jours. Ce système de filtration est aujourd'hui imposé dans les établissements publics, les lycées, les écoles, les casernes, les hôpitaux. On emploie alors des appareils renfermant un nombre de bougies proportionnel à la consommation d'eau.

Fig. 46. — Installation d'un filtre Chamberland avec son réservoir d'eau filtrée.

A la campagne et dans les maisons où l'eau n'arrive pas sous pression, on se sert de filtres reposant sur le même principe. Mais, pour arriver à avoir un débit du filtre suffisant à la consommation, malgré l'absence de pression, on emploie plusieurs bougies B (fig. 47), communiquant par des tubulures avec un conduit commun C, appelé *collecteur* et mis en communication avec un tube amorceur ET rempli d'eau. On place le système des bougies au fond d'un vase assez profond renfermant l'eau à filtrer. L'eau du tube amorceur s'écoule, et l'appareil fonctionne comme un siphon. L'eau à filtrer traverse les bougies et s'écoule dans un récipient inférieur destiné à la recueillir.

Ces appareils, qui peuvent être installés partout, donnent des résultats aussi satisfaisants que les filtres à pression.

88. **Eaux séléniteuses.** — On appelle *eau séléniteuse* une eau qui, comme celle d'un grand nombre de puits, contient une forte proportion de sulfate de calcium. Une pareille eau ne peut servir à la cuisson des légumes, parce qu'un des principes qu'ils contiennent se combine avec

le sulfate de calcium et forme une matière dure, qui rend ces aliments coriaces et peu digestibles.

Une eau séléniteuse a de plus l'inconvénient d'être impropre au savonnage, parce que le savon se décompose en présence du sulfate de calcium, et il se forme d'autres sels de calcium dont les acides sont les acides gras qui entraient dans la composition du savon. Ces sels insolubles se présentent sous forme de grumeaux. On peut remédier à cet inconvénient en ajoutant à cette eau un peu de carbonate de sodium, qui transforme le sulfate de calcium en carbonate neutre de calcium insoluble. Elle peut alors être employée au savonnage, dès qu'elle a laissé déposer son carbonate.

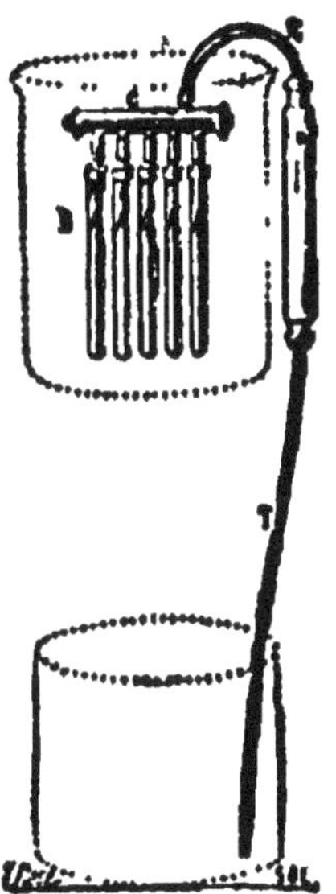

Fig. 47. — Filtre Chamberland sans pression.

89. Eaux minérales. — On désigne sous le nom d'*eaux minérales*[1] des eaux qui renferment, en général, plus de matières solides en dissolution que les eaux douces. La limite entre ces deux espèces d'eau est assez difficile à définir. On distingue : 1° les *eaux gazeuses*, qui dégagent du gaz carbonique par l'agitation (eaux de Seltz, de Pougues, de Saint-Galmier); 2° les *eaux alcalines*, qui contiennent du bicarbonate de sodium (eaux de Vichy, de Vals, de Contrexéville); 3° les *eaux sulfureuses*, qui dégagent une odeur d'œufs pourris et contiennent du sulfure de sodium ou de calcium (eaux de Barèges, d'Enghien, de Bagnères); 4° les *eaux ferrugineuses*, qui ont une saveur douce et contiennent des sels de fer (eaux de Spa, d'Orezza, de Passy, de Forges); 5° les *eaux salines*, qui renferment soit du chlorure de sodium et de petites quantités de bromure et d'iodure (eaux de Bourbonne et de Krusnach), soit du sulfate de sodium et du chlorure de

1. On appelle *eaux thermales* les eaux minérales qui arrivent à la surface du sol à une température d'au moins 20 degrés.

sodium (eaux de Plombières et de Carlsbad), soit aussi
du sulfate de magnésium (eaux de Sedlitz, de Pullna,
d'Epsom).

Les eaux minérales sont très employées en médecine.

L'eau de la mer contient une proportion notable de
chlorure de sodium ou *sel*.

90. Eau distillée. — Pour avoir l'eau pure et privée

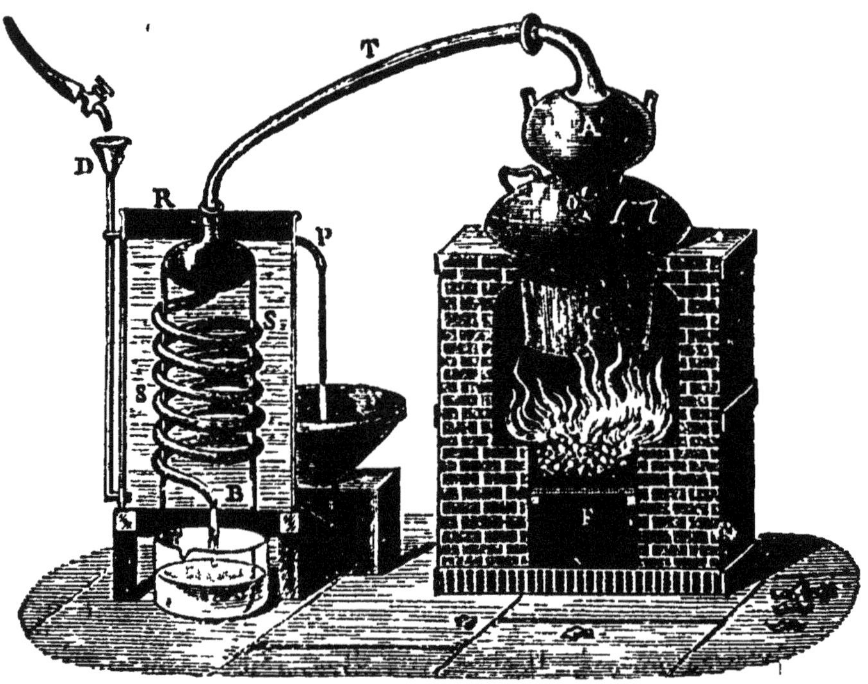

Fig. 48 — Alambic : C, cucurbite ; A, chapiteau ; S, serpentin ; R, réfrigérant.

de matières étrangères, on la distille au moyen d'un
appareil appelé *alambic* (fig. 48). L'eau à distiller est
versée dans la chaudière C, nommée *cucurbite*. La
cucurbite est surmontée d'une partie appelée *chapiteau*,
qui communique, par un tube T, avec un serpentin S
plongé dans un réfrigérant R plein d'eau froide. La chaudière C est chauffée par le feu d'un foyer F. L'eau entre
en ébullition ; sa vapeur s'élève dans le chapiteau, passe
dans le tube T, de là dans le serpentin SS où elle se condense, et l'eau qui en provient coule par l'extrémité B

dans un vase où on la recueille. Quant aux matières solides qui étaient en dissolution dans l'eau, elles restent dans la chaudière.

L'eau distillée pure doit être neutre à la teinture de tournesol et ne donner de précipité avec aucun des réactifs cités plus haut (85).

EAU OXYGÉNÉE

Formule : H^2O^2. — Poids moléculaire $= 34$.

91. Préparation industrielle. — Pour préparer l'eau oxygénée, on traite le bioxyde de baryum par l'acide sulfurique ou l'acide fluorhydrique :

$$BaO^2 \;+\; SO^4H^2 \;=\; SO^4Ba \;+\; H^2O^2$$

Bioxyde de baryum.   Acide sulfurique.   Sulfate de baryum.   Eau oxygénée.

$$BaO^2 \;+\; 2HF \;=\; BaF^2 \;+\; H^2O^2$$

Bioxyde de baryum.   Acide fluorhydrique.   Fluorure de baryum.   Eau oxygénée.

On filtre ensuite la liqueur qu'on purifie en y ajoutant un peu de baryte ; on filtre de nouveau et l'on ajoute quelques gouttes d'acide sulfurique pour assurer la conservation de l'eau oxygénée.

Il s'en produit aussi de petites quantités dans la décomposition de l'eau par la pile, ainsi que dans toutes les oxydations lentes qui se produisent à l'air humide.

92. Propriétés et usages. — L'eau oxygénée est un liquide incolore, de consistance sirupeuse, d'une odeur faible, d'une saveur métallique désagréable. A son maximum de concentration, elle a une densité égale à 1,452. Elle ne se solidifie pas à —30 degrés. Elle est endothermique et facilement décomposable en eau et en oxygène : à 20 degrés la décomposition est lente ; à une température plus élevée, elle peut être explosive. Quand elle est à son maximum de concentration, l'eau oxygénée donne, en se décomposant, 475 fois son volume d'oxygène; celle qu'on vend dans le commerce en dégage environ 12 fois son volume.

L'eau oxygénée blanchit la peau; elle ne se combine ni aux acides ni aux bases. Elle se décompose au contact de certains corps pulvérulents sans les altérer : tels sont le charbon, l'or, l'argent, le platine, le bioxyde de manganèse; elle se décompose au contact de certains autres corps en les décomposant eux-mêmes : tel est l'oxyde d'argent. Enfin, comme elle est un oxydant énergique, elle oxyde un grand nombre de composés minéraux et organiques : ainsi le sulfure de plomb noir, qui s'est formé sur les vieux tableaux par la décomposition du carbonate de plomb ou *céruse* employée, se transforme, sous l'action de l'eau oxygénée, en sulfate de plomb, blanc comme la céruse, d'où son emploi dans la restauration des vieux tableaux.

L'eau oxygénée a encore de nombreux usages : on l'emploie pour la décoloration des jus sucrés, pour le blanchiment de la soie, des plumes, de la paille; on l'utilise aussi pour modifier la couleur des cheveux : par son action, les cheveux noirs passent au blanc, les cheveux bruns au blond ardent.

93. *Expériences simples.* — Faire constater la présence des gaz dans l'eau, en chauffant de l'eau dans un ballon ou dans un tube à essais : bien avant que l'ébullition se produise, on voit des bulles de gaz s'élever au milieu du liquide.

Faire évaporer une petite quantité d'eau sur une plaque métallique; les matières solides tenues en suspension par l'eau laissent un léger dépôt.

Effectuer les réactions indiquées au n° 85.

Se procurer une bougie d'un filtre Chamberland, y adapter un tube de caoutchouc et disposer le tout comme dans la figure 47; amorcer en remplissant d'eau le tube de caoutchouc. Si l'extrémité inférieure de ce tube ne plonge pas dans l'eau, y adapter un tube de verre effilé, pour éviter que le siphon ne se désamorce.

CHAPITRE XI

Chlore. — Acide chlorhydrique.
Chlorures. — Chlorates.

CHLORE

Symbole : Cl. — Poids atomique $= 35,5$.

94. Préparation. — 1° *Par le bioxyde de manganèse et l'acide chlorhydrique*. On met dans un ballon du bioxyde de manganèse et de l'acide chlorhydrique, puis on chauffe très doucement.

L'équation suivante rend compte de la réaction :

$$MnO^2 \ + \ 4HCl \ = \ MnCl^2 \ + \ 2H^2O \ + \ 2Cl$$

Bioxyde de manganèse.	Acide chlorhydrique.	Chlorure de manganèse.	Eau.	Chlore.

On se sert pour cette réaction d'un ballon D (fig. 49),

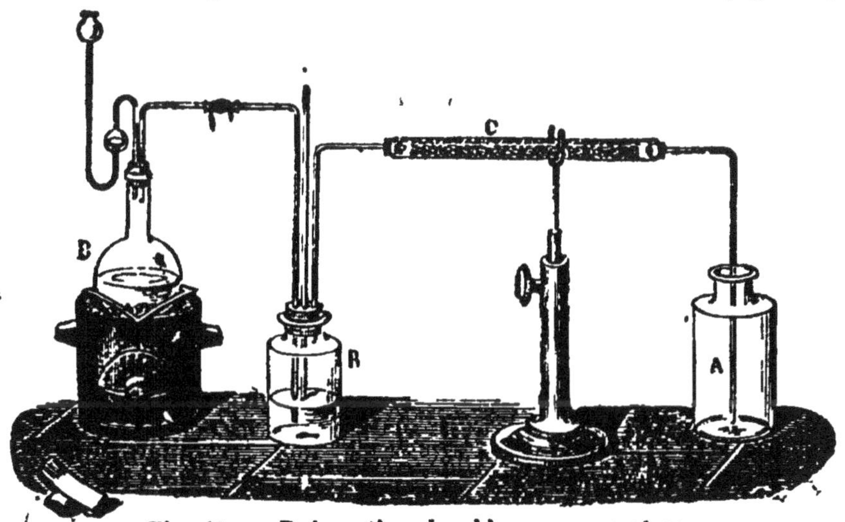

Fig. 49. — Préparation du chlore gazeux et sec.

qui communique avec un flacon laveur destiné à arrêter

l'acide chlorhydrique que le gaz pourrait entraîner. Ce flacon communique avec un tube C rempli de chlorure de calcium, qui sert à dessécher le chlore. Celui-ci ne pouvant être recueilli ni sur l'eau dans laquelle il se dissoudrait, ni sur le mercure qu'il attaquerait, on fait plonger le tube abducteur au fond d'un flacon A. Le chlore chasse graduellement l'air, qui est plus léger que lui, et finit par remplir tout le flacon. On arrête l'opération lorsque l'atmosphère intérieure a pris la couleur du chlore;

2° *Préparation du chlore par les chlorures décolorants, comme le chlorure de chaux.* Le chlorure de chaux, produit commercial, est un mélange de chlorure de calcium et d'hypochlorite de calcium. Si l'on traite sa solution par l'acide chlorhydrique, l'hypochlorite est décomposé; il se forme du chlore et du chlorure de calcium.

$$(ClO)^2Ca \; + \; 4HCl \; = \; CaCl^2 \; + \; 2H^2O \; + \; 4Cl$$

Hypochlorite de calcium.	Acide chlorhydrique.	Chlorure de calcium.	Eau.	Chlore.

Nous dirons quelques mots de la préparation industrielle du chlore, en troisième année.

95. Propriétés physiques. — Le chlore est un gaz jaune verdâtre; son odeur est très désagréable. Il provoque la toux et exerce une action très irritante sur les organes respiratoires. Sa densité est 2,49. 1 litre de ce gaz pèse 3 gr. 22.

Il a pu être liquéfié; il est soluble dans l'eau, avec laquelle il forme vers zéro un hydrate $(Cl^2 + 10H^2O)$: le maximum de solubilité a lieu à 8 degrés; à cette température, 1 litre d'eau dissout $3^l,07$ de gaz. La dissolution se prépare à l'aide d'un appareil de Woolf (fig. 50), qui se termine par une éprouvette D remplie d'une dissolution de potasse, destinée à absorber l'excès de gaz non dissous. Le premier flacon B est un flacon laveur. Le ballon A renferme les substances qui doivent produire le chlore.

96. Propriétés chimiques. — Le chlore se combine avec la plupart des métalloïdes et des métaux, en produivant un grand dégagement de chaleur. Il est cependant sans action sur le charbon. Avec l'oxygène, il forme des composés endothermiques dont les deux principaux sont : l'*acide hypochloreux* ClOH et l'*acide chlorique* ClO³H.

Un morceau de phosphore, placé dans une petite coupelle de terre et descendu dans le chlore, se combine avec

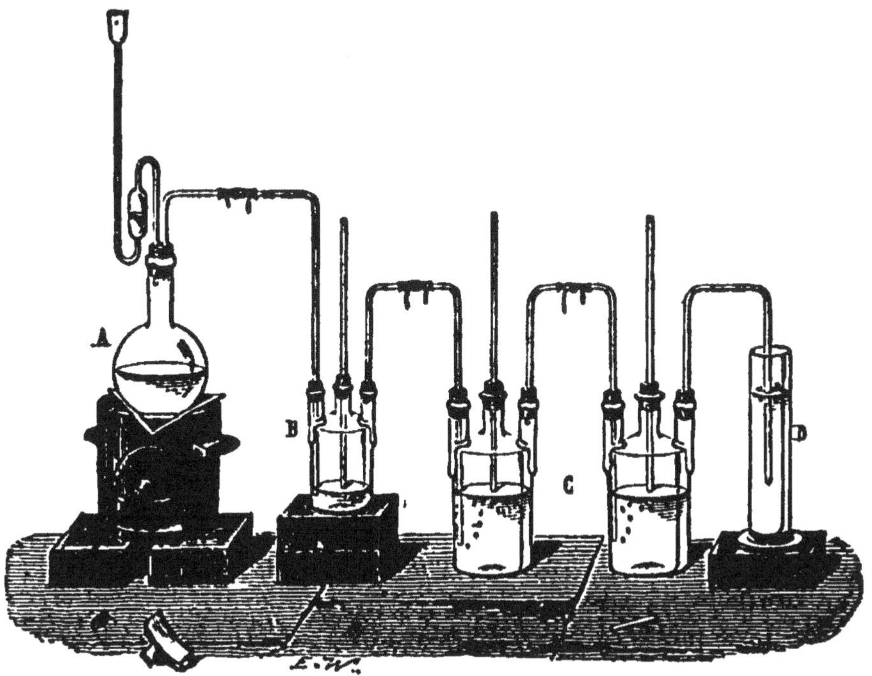

Fig. 50. — Préparation de la solution du chlore.

ce gaz, se transforme en chlorure de phosphore, et la réaction est tellement énergique qu'elle se fait avec flamme.

L'antimoine, en poudre très fine, projeté dans le chlore, se combine avec lui; les grains deviennent incandescents et produisent l'effet d'une pluie de feu. L'arsenic produit le même effet.

Le mercure est attaqué par le chlore à la température ordinaire. Une feuille d'or, plongée dans une dissolution de chlore, disparaît par suite de sa transformation en chlorure d'or soluble dans l'eau.

Mais la propriété la plus importante du chlore est la tendance qu'il a à se combiner avec l'hydrogène, ou, comme on dit, l'affinité qu'il a pour l'hydrogène, avec lequel il forme un gaz composé, appelé acide chlorydrique HCl.

Si l'on fait un mélange, à volume égal, de chlore et d'hydrogène, et qu'on l'expose à la lumière diffuse, quelques jours suffisent pour que la combinaison s'effectue. Elle est instantanée à la lumière directe du soleil, et se produit avec détonation. Une bougie enflammée, une tige de fer rougie au feu, plongées dans le mélange, déterminent aussi la détonation.

L'affinité de ces deux gaz est telle que le chlore prend l'hydrogène à beaucoup de corps qui en renferment. Si l'on plonge un papier, imprégné d'essence de térébenthine, dans un flacon rempli de chlore sec, une fumée très épaisse se dégage, et l'essence prend feu. L'essence de térébenthine étant formée de carbone et d'hydrogène, le chlore s'empare de l'hydrogène en formant de l'acide chlorhydrique; le carbone s'échappe en fumée, et la chaleur dégagée par la combinaison est suffisante pour enflammer l'essence et le papier.

Nous verrons plus tard que le chlore se combine avec un très grand nombre de composés organiques; citons seulement, parmi les corps obtenus : le *chlorure de méthyle* CH^3Cl, le *chloroforme* $CHCl^3$.

Une bougie allumée, plongée dans le chlore, continue à brûler, mais avec une flamme rouge très fuligineuse, parce que la combustion, autrement dit la combinaison, ne s'effectue qu'entre le chlore et l'hydrogène de l'acide stéarique formé de carbone, d'hydrogène et d'oxygène.

C'est encore en raison de l'affinité du chlore pour l'hydrogène que, pour conserver la dissolution de chlore dans l'eau, il faut la mettre dans des flacons noirs. Quand on néglige cette précaution, l'action de la lumière fait combiner le chlore dissous avec l'hydrogène de l'eau, et met l'oxygène en liberté :

$$H^2O \quad + \quad 2Cl \quad = \quad 2HCl \quad + \quad O$$

Eau.   Chlore.   Acide chlorhydrique.   Oxygène.

On dit quelquefois que le chlore est un *oxydant*. On voit que l'oxydation par le chlore n'est qu'un effet indirect de son action sur l'eau. Le chlore est essentiellement un *déshydrogénant*.

97. Pouvoir désinfectant du chlore. — Le pouvoir désinfectant du chlore résulte de son affinité pour l'hydrogène. En présence de l'acide sulfhydrique H^2S, il s'empare de l'hydrogène et met le soufre en liberté :

$$H^2S \quad + \quad 2Cl \quad = \quad 2HCl \quad + \quad S$$

Acide sulfhydrique.   Chlore.   Acide chlorhydrique.   Soufre.

Il agit de même sur les miasmes putrides d'origine organique, répandus au milieu de l'air, et les détruit en s'emparant de leur hydrogène.

98. Pouvoir décolorant du chlore. — Le chlore est un décolorant. Si l'on verse du chlore en dissolution dans une teinture végétale (tournesol, campêche, bois rouge), ou encore dans de l'encre ordinaire, le liquide perd bientôt sa coloration. Nous verrons plus loin cette propriété décolorante appliquée au blanchiment du lin et du coton.

La décoloration par le chlore, qui, à première vue, paraît due à une déshydrogénation de la matière colorante, est, en réalité, le résultat d'une oxydation indirecte de cette matière, par suite de l'action du chlore sur l'eau. Le chlore sec, en effet, ne décolore pas : il désagrège les tissus. Seul, le chlore humide décolore. Sous l'influence de la lumière solaire, il s'empare de l'hydrogène de l'eau, et met ainsi en liberté l'oxygène, qui change la nature de la matière colorante en se combinant avec elle.

99. Usages du chlore. — Le chlore est surtout employé pour la décoloration et la désinfection. Pour ces usages, il n'est livré au commerce ni à l'état de gaz, ni en dissolution dans l'eau, mais en combinaison avec la chaux, la potasse ou la soude. Les corps qui résultent de ces combinaisons portent le nom de *chlorures décolorants*, et ont la propriété de laisser dégager facilement la grande quantité de chlore qu'ils renferment.

ACIDE CHLORHYDRIQUE

Formule : HCl. — Poids moléculaire = 36,5.

100. Préparation de l'acide chlorhydrique. — L'acide chlorhydrique est un gaz qu'on prépare dans les laboratoires en faisant agir de l'acide sulfurique sur le sel de cuisine, qui est du *chlorure de sodium.*

Sous l'action de l'acide, le chlorure de sodium est décomposé : le sodium, métal monovalent, prend, dans l'acide sulfurique, la place d'un atome d'hydrogène, formant ainsi du sulfate acide de sodium. L'hydrogène, mis en liberté, se combine avec le chlore du chlorure, et forme de l'acide chlorhydrique :

$$NaCl + SO^4H^2 = SO^4NaH + HCl$$

Chlorure de sodium.	Acide sulfurique.	Sulfate acide de sodium.	Acide chlorhydrique.

La préparation se fait dans un ballon ; la réaction a lieu à la température ordinaire, mais on l'active par l'action de la chaleur. Le gaz doit se recueillir sur le mercure, à cause de sa grande solubilité dans l'eau.

On peut encore employer la disposition représentée par la figure 21, qui permet d'obtenir le corps à l'état de gaz et en dissolution.

Nous étudierons la préparation industrielle de l'acide chlorhydrique en troisième année.

101. Propriétés physiques et chimiques. — L'acide chlorhydrique est un gaz incolore, d'une odeur piquante et suffocante ; il rougit le tournesol, et éteint les corps en combustion. Sa densité est 1,269 ; 1 litre de ce gaz pèse donc 1 gr. 64. L'eau à 0 degré en dissout 480 fois son volume; sa grande solubilité peut être mise en évidence par les expériences suivantes.

A travers le bouchon d'un flacon A rempli d'acide chlorhydrique (fig. 51) passe un tube de verre *tt'* fermé seulement à sa partie extérieure *t'*. Le flacon est renversé de manière que l'extrémité *t* du tube plonge dans l'eau

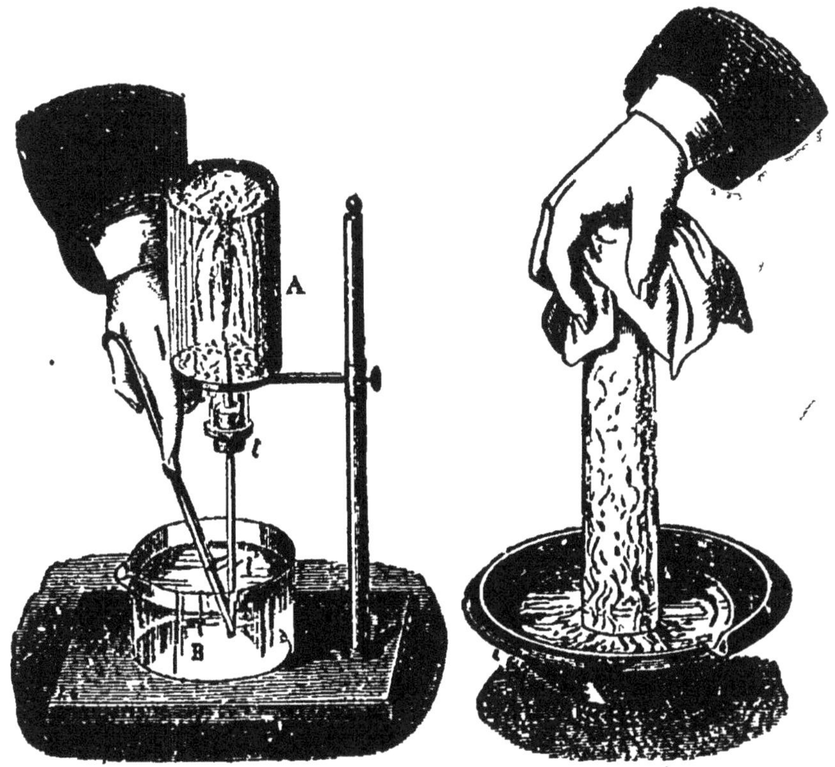

Fig. 51. — Expérience pour prouver la solubilité de l'acide chlorhydrique dans l'eau.

Fig. 52. — Expérience pour prouver la solubilité de l'acide chlorhydrique dans l'eau.

d'un vase B. Si, à l'aide d'une pince en métal, on casse la pointe du tube qui plonge dans l'eau, ce liquide se précipite dans le vase A et le remplit bientôt. Ce phénomène s'explique facilement : à mesure que le gaz se dissout, le vide se fait dans A, et l'eau s'y trouve poussée par la pression atmosphérique qui s'exerce sur le niveau du liquide contenu dans le vase B.

On peut aussi descendre dans une terrine remplie d'eau (fig. 52) une éprouvette pleine de ce gaz et reposant sur du mercure contenu dans une soucoupe. Si l'on soulève l'éprouvette, de manière que son ouverture plongée jusque-là dans le mercure se trouve en contact avec l'eau, celle-ci s'y précipite avec violence. S'il n'y a pas la moindre bulle d'air dans l'éprouvette, il peut arriver qu'elle soit brisée; aussi doit-on prendre la précaution de la tenir avec un linge.

On s'en sert ordinairement à l'état de dissolution dans l'eau.

Le gaz chlorhydrique répand à l'air des fumées très denses, produites par la combinaison de l'acide et de la vapeur d'eau que contient l'air. Le corps qui résulte de cette combinaison ne peut rester à l'état de vapeur, et se condense sous forme de fumées.

Lorsqu'on applique la main sur l'ouverture d'une éprouvette remplie d'acide chlorhydrique, on éprouve, dans la région en contact avec l'acide, une sensation de chaleur, occasionnée par la condensation du gaz dans la légère couche d'humidité dont la main est recouverte.

Un grand nombre de métaux, comme le fer, le zinc, l'étain, décomposent l'acide chlorhydrique, et se transforment, à son contact, en chlorures; l'hydrogène se dégage.

102. Usages. — L'acide chlorhydrique sert à la fabrication du chlore et des hypochlorites; de l'eau régale, dont nous allons parler; de l'anhydride carbonique destiné à la préparation des eaux gazeuses, du sel ammoniac, des chlorures d'étain employés en teinture, des chlorures de zinc. Il sert, dans l'extraction de la gélatine des os, à dissoudre la partie minérale du tissu osseux; etc., etc.

EAU RÉGALE

103. — L'eau régale est un mélange d'acide chlorhydrique et d'acide azotique. Elle a la propriété de dissoudre l'or et le platine, qui sont inattaquables par chacun de ces acides séparés. Du mélange des deux acides résulte du chlore à l'état naissant, qui transforme le métal en chlorure soluble. Elle doit son nom à cette propriété de dissoudre l'or, longtemps appelé *le roi des métaux*.

CHLORURES MÉTALLIQUES

104. Composition; état naturel. — L'acide chlorhydrique HCl n'est autre que du chlorure d'hydrogène et peut être considéré comme le type des chlorures. Si un métal monovalent M' remplace l'hydrogène de l'acide, comme la substitution se fait atome à atome, le chlorure qui en résulte a pour formule M'Cl; tels sont les :

$$\text{Chlorure de potassium.} \quad KCl$$
$$\text{— sodium....} \quad NaCl$$
$$\text{— d'argent...} \quad AgCl.$$

L'atome d'un métal divalent M'' remplaçant deux atomes d'hydrogène, pour se rendre compte de la substitution de ce métal à l'hydrogène de l'acide chlorhydrique il faut considérer une double molécule d'acide, soit H^2Cl^2, et la formule du chlorure est alors $M''Cl^2$. Tels sont les

$$\text{Chlorure de zinc ....} \quad ZnCl^2$$
$$\text{— calcium.} \quad CaCl^2$$
$$\text{— cuivre .} \quad CuCl^2.$$

Il existe quelques chlorures à l'état naturel. Le plus important est le chlorure de sodium, très abondant dans l'eau de mer (*sel marin*) et dans certains terrains (*sel gemme*). Les chlorures de potassium et de magnésium existent aussi dans le sol.

105. Propriétés des chlorures métalliques. — La plupart des chlorures métalliques sont solides; quelques-uns, comme le chlorure stannique, sont liquides. Leur couleur est variable. Ils sont en général capables de se volatiliser sous l'influence de la chaleur. La plupart sont très solubles; le chlorure de plomb l'est peu; le chlorure d'argent et le protochlorure de mercure (*calomel*) sont insolubles.

L'oxygène décompose quelques-uns d'entre eux par suite de son affinité pour le métal.

L'hydrogène peut en décomposer un certain nombre par suite de son affinité pour le chlore.

CHLORURE DE CHAUX

106. Chlorures décolorants. — Par le nom de *chlorures décolorants*, on désigne des composés qui, sous un petit volume, renferment de grandes quantités de chlore qu'ils laissent dégager sous l'influence des acides même les moins énergiques.

Ces chlorures sont : le *chlorure de chaux*, l'*eau de Javel*, l'*eau de Labarraque*.

Chacun de ces composés est formé par le mélange du chlorure d'un métal (calcium, potassium ou sodium) et d'un hypochlorite du même métal.

L'acide hypochloreux ayant pour formule $ClOH$, l'hypochlorite d'un métal monovalent M' a pour formule $ClOM'$, et celui d'un métal divalent M'' a pour formule $(ClO)^2M''$.

Les trois chlorures décolorants doivent donc être ainsi représentés :

$$
\begin{aligned}
&\text{Chlorure de chaux :} && CaCl^2 + (ClO)^2Ca, \\
&\text{Eau de Javel :} && KCl + ClOK, \\
&\text{Eau de Labarraque :} && NaCl + ClONa.
\end{aligned}
$$

107. Fabrication du chlorure de chaux solide. — Le procédé employé dans l'industrie pour la préparation du chlorure de chaux solide consiste à diriger un courant de chlore, lavé à l'eau, sur de la chaux éteinte et réduite en poudre par sa simple hydratation. Il se forme alors un mélange de chlorure et d'hypochlorite de calcium.

$$
\underset{\text{Chlore.}}{4Cl} \quad + \quad \underset{\text{Chaux.}}{2CaO} \quad = \quad \underset{\substack{\text{Chlorure} \\ \text{de calcium.}}}{CaCl^2} \quad + \quad \underset{\substack{\text{Hypochlorite} \\ \text{de calcium.}}}{(ClO)^2Ca}
$$

Quand le chlore est produit par l'action de l'acide chlorhydrique sur le bioxyde de manganèse voici le dispositif qu'on emploie :

Sur un fourneau en briques sont placées l'une à côté de l'autre des marmites en fonte C,C' (fig. 53), chauffées directement par la flamme du foyer F. Ces marmites contiennent une dissolution saline dont le point d'ébullition peut aller jusqu'à 105 degrés. On place dans cette dissolution des bonbonnes en grès destinées à la production du chlore. Elles seront, de cette manière, chauffées au bain-marie. Ces bonbonnes portent deux tubu-

Fig. 53. — Préparation industrielle du chlorure de chaux.

lures : l'une sert à l'introduction des matières et peut être fermée avec un bouchon de grès luté ; l'autre laisse passer un tube qui va plonger dans une autre bonbonne à deux tubulures, contenant de l'eau destinée à laver le chlore. Le lavage s'achève dans un flacon en verre à trois tubulures, à travers les parois duquel on peut juger de la rapidité du dégagement. A la sortie de ce flacon, le chlore entre dans une chambre à parois inattaquables (dalles en grès des Vosges, pierres de Rive-de-Gier ou d'Auvergne, cimentées par un mastic bitumineux sur lequel le chlore est sans action).

C'est dans cette chambre que la chaux se trouve étalée

sûr une épaisseur de 0^m05 à 0^m10; elle a été introduite

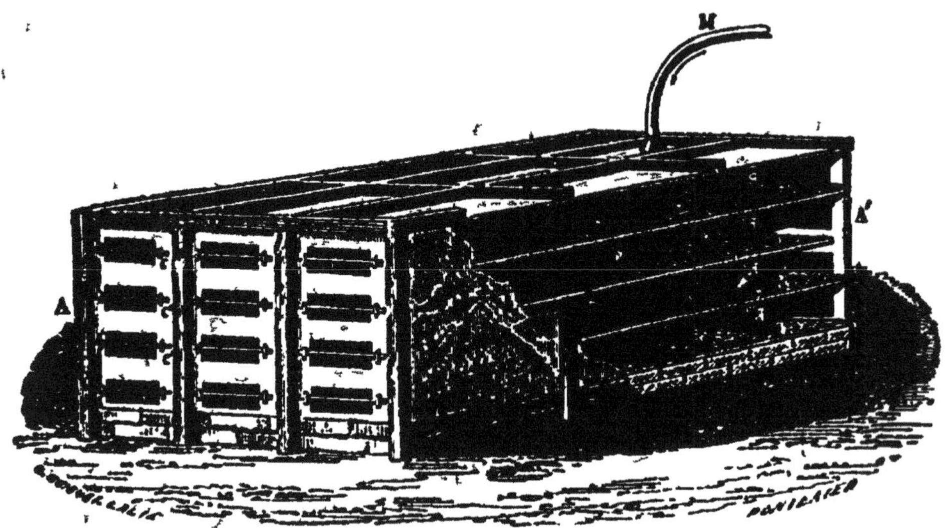

Fig. 54. — Préparation industrielle du chlorure de chaux.

par la porte K qu'on a mastiquée avec un lut argileux

Fig. 55. — Préparation industrielle du chlorure de chaux.

pour éviter toute fissure par laquelle s'échapperait le gaz.
Au bout de vingt-quatre à trente-six heures, la réaction

du chlore sur la chaux est achevée; on démonte la porte K et l'on extrait le chlorure.

Dans certaines usines, on réunit plusieurs chambres l'une à l'autre (fig. 54), et dans chacune d'elles la chaux est étalée sur des tablettes disposées comme l'indique la figure 55, de telle sorte que le chlore passe en serpentant de l'une à l'autre.

Le chlorure de chaux ainsi fabriqué contient toujours un excès de chaux non transformée. Quand on fabrique le chlorure de chaux en dissolution, on a un produit plus riche, mais qui se conserve plus difficilement. Lorsque le chlorure doit être consommé sur place, il y a avantage à le préparer liquide.

108. Fabrication du chlorure de chaux liquide. — On peut employer pour sa fabrication différents appareils. Nous décrirons le plus simple. On dispose en série de grosses bonbonnes comme celles que représente la figure 56. Elles ont trois tubulures. L'une E sert à l'introduction de l'eau et de la chaux; l'eau est à un niveau tel qu'elle ferme elle-même cette tubulure, à travers laquelle passe une palette à manche T destinée à agiter le liquide de temps en temps. La tubulure de droite laisse arriver un tube B qui amène le chlore : le gaz en excès s'échappe par le tube D, pour aller dans la bonbonne suivante.

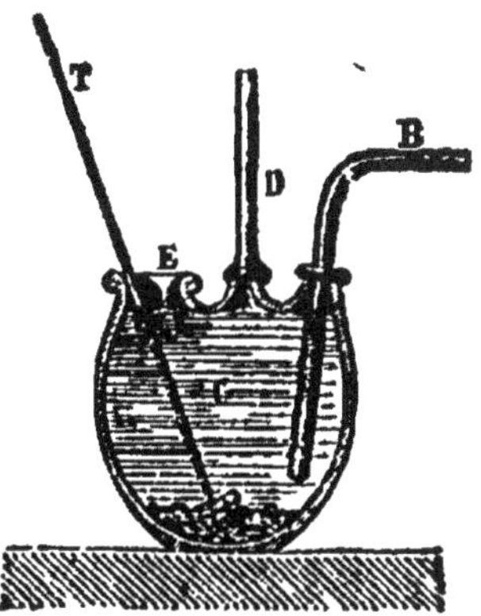

Fig. 56. — Fabrication de chlorure de chaux liquide.

109. Propriétés et usages. — Le chlorure de chaux solide est une matière blanche et amorphe, qui répand une odeur de chlore. Il est décomposé par les acides les plus faibles, même par l'anhydride carbonique de l'air. Voici ce qui se passe dans cette décomposition. L'acide s'empare de la chaux de l'hypochlorite; l'acide hypochloreux se dégage, mais, rencontrant immédiatement le chlorure de calcium qui est mélangé à l'hypochlorite, il lui cède son oxygène pour le transformer en chaux, et le chlore provenant tant de la décomposition de l'anhydride hypochloreux que de celle du chlorure de calcium se dégage.

$$(ClO)^2Ca \quad + \quad CO^2 \quad = \quad CO^3Ca \quad + \quad Cl^2O$$

Hypochlorite de calcium.	Anhydride carbonique.	Carbonate de calcium.	Anhydride hypochloreux.

$$CaCl^2 \quad + \quad Cl^2O \quad = \quad CaO \quad + \quad 4Cl$$

Chlorure de calcium.	Anhydride hypochloreux.	Chaux.	Chlore.

Par suite de cette double réaction, le chlorure de chaux doit être considéré comme une source de chlore, et c'est ce qui le fait employer dans la plupart des cas où l'on veut utiliser l'action décolorante ou désinfectante de ce dernier.

Ce que nous venons de dire sur la facile décomposition du chlorure de chaux par l'anhydride carbonique indique suffisamment que ce produit doit être conservé à l'abri du contact de l'air. Le chlorure de chaux est employé comme désinfectant. Il suffit de l'exposer dans un vase à large ouverture, au milieu de l'espace qu'on veut désinfecter. L'anhydride carbonique de l'air le décompose et fait dégager le chlore qui doit agir sur les miasmes putrides. Quand on veut activer le dégagement, on l'arrose avec un peu de vinaigre.

On l'emploie pour la désinfection des hôpitaux, des lazarets, des salles de dissection, des cales de vaisseaux, des wagons à bestiaux, des égouts, etc.; mais l'application la plus importante de ce produit est celle qu'on en fait au blanchiment des tissus de lin, de chanvre et de coton (112 et suiv.).

EAU DE JAVEL ET EAU DE LABARRAQUE

110. Eau de Javel. — En faisant passer un courant de chlore dans une dissolution faible de *potasse caustique*, maintenue froide, on obtient, par une réaction analogue à celle qui produit le chlorure de chaux, un mélange de chlorure et d'hypochlorite de potassium :

$$2KOH + 2Cl = KCl + ClOK + H^2O$$

Potasse caustique.   Chlore.   Chlorure de potassium.   Hypochlorite de potassium.   Eau.

Cette dissolution porte le nom d'eau de Javel.

On la prépare encore en dissolvant, d'une part, 10 kilogrammes de chlorure de chaux dans 120 litres d'eau, d'autre part, 12 kilogrammes de carbonate de potassium dans 40 litres d'eau chaude, et en mélangeant les deux dissolutions. Il se forme de l'eau de Javel et du carbonate de calcium insoluble :

$$[CaCl^2 + (ClO)^2Ca] + 2CO^3K^2 = 2(KCl + ClOK) + 2CO^3Ca$$

Chlorure de chaux.   Carbonate de potassium.   Eau de Javel.   Carbonate de calcium.

L'eau de Javel est employée comme désinfectant, et surtout comme décolorant. On désigne souvent, sous le même nom, la liqueur de Labarraque.

111. Eau de Labarraque. — On prépare ce corps comme l'eau de Javel, en substituant les composés du sodium à ceux du potassium.

On l'obtient ordinairement en faisant d'abord dissoudre 10 kilogrammes de chlorure de chaux dans 120 litres d'eau, puis 20 kilogrammes de carbonate de sodium dans 40 litres d'eau, et en mélangeant les deux dissolutions.

Les usages de l'eau de Labarraque sont les mêmes que ceux des deux autres chlorures décolorants.

BLANCHIMENT DES TISSUS DE LIN, DE CHANVRE ET DE COTON

112. Le blanchiment a pour but d'enlever aux fibres textiles ou aux tissus les matières agglutinatives qui les colorent ou peuvent être un obstacle aux opérations de la teinture.

Le procédé le plus anciennement connu et qui est encore pratiqué dans un certain nombre de localités, surtout pour le lin et le chanvre, consiste à exposer les tissus, sur un pré, à l'action de l'air et de la rosée. En alternant ces expositions sur le pré avec des passages dans des lessives étendues et bouillantes de carbonate de sodium, en arrosant de temps en temps les pièces pour les maintenir toujours humides, on arrive à les blanchir parfaitement. L'oxygène de l'air, dissous par l'eau qui mouillait les fibres du tissu, s'est combiné lentement, pendant l'exposition sur le pré, au principe colorant, et l'a transformé en une substance qui s'est dissoute dans les lessives alcalines.

Ce procédé présente de graves inconvénients; il exige un temps assez long, ne peut être pratiqué que pendant la belle saison, et enlève de vastes prairies à l'agriculture qui pourrait en tirer meilleur parti.

Vers 1785, Berthollet proposa un procédé plus rapide et n'ayant pas ces inconvénients. Ce procédé substitue à l'oxydation du principe colorant, obtenue par l'oxygène de l'air, une oxydation beaucoup plus rapide produite sous l'influence du chlore en dissolution. Aujourd'hui on a substitué au chlore dissous le chlorure de chaux en dissolution ou l'eau de Javel.

113. Blanchiment des tissus de lin et de chanvre. — Le lin est une plante annuelle, cultivée principalement dans le nord de la France, en Belgique et en Russie. Sa tige est creuse; il peut être considéré comme formé d'un tube ligneux appelé *chènevotte,* enveloppé dans une écorce dont les parties, soudées entre elles et au tube ligneux par une matière gommo-résineuse, constituent les fibres textiles. Pour être propre à la fabrication de fils qui serviront à faire des toiles de batiste, des dentelles, etc., le lin doit subir deux opérations préliminaires : le *rouissage* et le *broyage* ou *teillage.* Le rouissage a pour but de détruire les matières agglutinatives qui réunissent les fibres. Pour atteindre ce but, on abandonne les bottes dans des pièces d'eau stagnante ou courante pendant un temps qui est en général de quinze jours. Il se développe une espèce de fermentation dont l'effet est de déterminer la dissolution de la matière gommeuse et le fendillement des chènevottes[1]. Le rouissage se fait quelquefois par l'exposition du lin, étendu sur le sol, à l'action de la pluie et de la rosée. Après le rouissage, les bottes de lin doivent être séchées à l'air; puis, à l'aide d'un appareil

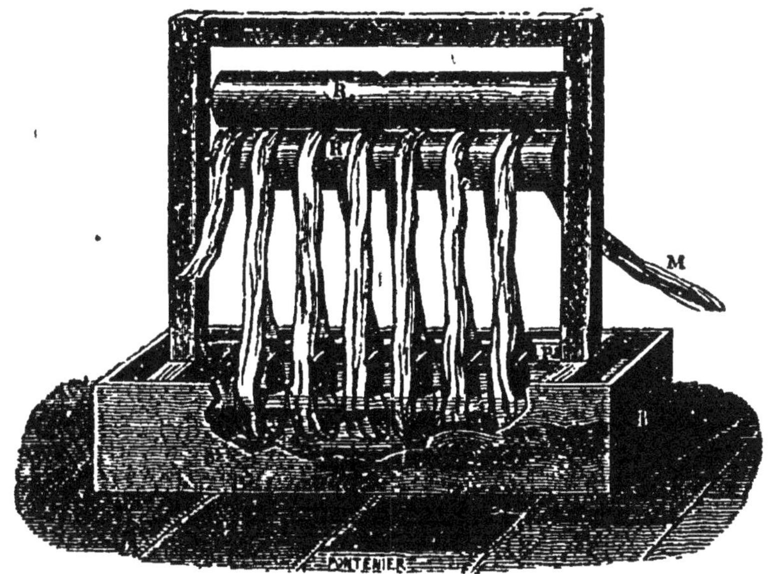

Fig. 57. — Clapot pour le blanchiment des tissus de lin.

appelé *broie*, on sépare les fibres textiles des chènevottes.

Le lin est ensuite filé et tissé. Pour le tissage, on est obligé de donner aux fils de chaîne une certaine raideur. On la leur communique en les enduisant de colle ou *parement*. Ce parement doit être enlevé avant le blanchiment. Pour cela, on fait macérer les tissus dans de vieilles lessives ou dans de l'eau tiède.

Quant au blanchiment, les opérations sont assez mul-

1. D'autres procédés plus rapides de rouissage ont été proposés, mais aucun n'est encore adopté d'une manière générale.

tiples, et varient avec la nature de l'étoffe. Nous nous contenterons d'en indiquer la marche générale. On soumet d'abord les tissus à un bain d'eau de chaux, qui a pour effet de les gonfler, d'en relever le grain, de tuméfier la matière colorante et de la préparer à l'oxydation, que l'on commence par des expositions sur le pré, alternant avec de nouveaux bains de chaux. L'étoffe est ensuite passée alternativement dans des bains de chlorure de chaux qui continuent l'oxydation de la matière colorante

Fig. 58. — Squeezer pour exprimer l'eau des tissus.

et dans des bains de soude qui dissolvent le produit de cette oxydation.

Pour faciliter la décomposition du chlorure de chaux, on fait sortir l'étoffe du bain et on la passe entre deux rouleaux R et R' (fig. 57) qui tournent en sens inverse et dont les axes reposent sur un bâti placé au-dessus de la cuve. Cet appareil est appelé *clapot*. Les rouleaux entraînant l'étoffe dans leur mouvement de rotation la font sortir du bain pour l'y laisser replonger ensuite. Pendant qu'elle est hors du liquide, l'anhydride carbonique de l'air décompose la dissolution de chlorure de chaux dont elle est imprégnée, et le chlore, mis à l'état naissant dans les mailles mêmes du tissu, agit d'une manière très efficace.

On ne doit pas oublier qu'avant d'entrer dans un bain, l'étoffe doit être parfaitement débarrassée du liquide qu'elle a pris au bain précédent. Pour cela, on la rince à l'eau et on la fait passer entre des rouleaux compresseurs R, R' (fig. 58) appelés *squeezers*, qui expriment le liquide.

Ce que nous avons dit pour le lin s'applique au chanvre.

Fig. 59. — Grillage des tissus de coton.

114. Blanchiment des tissus de coton. — Le coton est de la cellulose presque pure. On ne lui fait subir aucune préparation avant de le filer et de l'envoyer aux ateliers de tissage. A la sortie de ces ateliers les étoffes fabriquées doivent être débarrassées non seulement du parement et des saletés qu'elles ont reçues pendant le travail de l'ouvrier, mais aussi des substances qui préexistaient à la main-d'œuvre. Ces substances sont d'abord une résine soluble dans l'eau bouillante et dans les solutions alcalines ou acides, puis une matière incrustante, colorée et insoluble, mais qui deviendra soluble dans les acides étendus dès qu'elle aura été oxydée.

Toutes ces matières sont emportées par le blanchiment qui doit être précédé, pour certains tissus, d'une opération appelée *grillage*, destinée à débarrasser leur surface des filaments et du duvet qui la recouvrent. On exécute cette opération en faisant passer les tissus sur un demi-cylindre en fonte chauffé au rouge (fig. 59), ou sur une flamme de gaz.

On peut alors procéder au blanchiment. Les pièces écrues sont d'abord passées, à l'aide du clapot, dans un bain d'acide chlorhydrique marquant 1° 1/2 à l'aréomètre

Fig. 60. — Roue à laver les tissus fins.

de Baumé : à ce bain succèdent un rinçage à l'eau et un lessivage à la chaux.

Après le lessivage, les pièces sont lavées au clapot et abandonnent toutes les matières rendues solubles ou peu adhérentes par l'action de la chaux. Cette action est complétée par des bains d'acide chlorhydrique et des passages en lessive de soude. A la sortie de ces derniers, les tissus sont prêts à recevoir l'action blanchissante des bains de chlorure de chaux. Quand on est arrivé à la blancheur voulue, on passe en acide chlorhydrique, et l'on rince avec soin.

Les tissus fins, comme la mousseline, ne sont pas rincés au clapot, mais dans une roue à laver qui fatigue moins le tissu. Cette roue (fig. 60) présente quatre ouvertures circulaires, par lesquelles on introduit les pièces; l'eau arrive par le tube T, qui traverse l'axe autour duquel tourne la roue.

CHLORATES

115. — Les **chlorates** dérivent de l'acide chlorique ClO^3H; par suite, les chlorates à métal monovalent M' ont pour formule ClO^3M'; les chlorates à métal divalent M'' ont pour formule $(ClO^3)^2M''$. Le plus important de ces composés est le *chlorate de potassium*.

116. **Chlorate de potassium.** — On préparait, jusqu'à ces derniers temps, le chlorate de potassium en faisant passer un courant de chlore dans une dissolution concentrée et chaude de potasse caustique.

On le prépare aujourd'hui de la façon suivante : on porte à l'ébullition une dissolution de chlorure de chaux dont l'hypochlorite se dédouble en chlorure et chlorate de calcium :

$$3(ClO)^2Ca \quad = \quad (ClO^3)^2Ca \quad + \quad 2CaCl^2$$

Hypochlorite   Chlorate   Chlorure
de calcium.   de calcium.   de calcium.

On verse ensuite dans ce liquide une dissolution de chlorure de potassium, et on laisse refroidir le tout. Pendant le refroidissement, il se dépose des cristaux de chlorate de potassium :

$$(ClO^3)^2Ca \quad + \quad 2KCl \quad = \quad 2ClO^3K \quad + \quad CaCl^2$$

Chlorate   Chlorure   Chlorate   Chlorure
de calcium.   de potassium.   de potassium.   de calcium.

On lave les cristaux déposés; on les redissout dans l'eau bouillante, et une nouvelle cristallisation par refroidissement fournit le sel pur.

Le chlorate de potassium est employé dans la préparation de l'oxygène, des pétards et des feux d'artifice, des amorces; nous le verrons appliqué dans la préparation des pâtes de diverses sortes d'allumettes (231); on l'utilise aussi, en médecine, dans les affections de la bouche et du pharynx.

117. *Expériences simples.* — *Chlore.* Préparer du chlore gazeux, au dehors de la classe, et à l'abri des courants d'air. La dissolution de chlore peut être préparée à l'intérieur, avec un appareil disposé comme l'indique la figure 21. Il est bon, pour éviter les chances de rupture, de chauffer le ballon au bain-marie.

Laisser tomber dans un flacon plein de chlore gazeux de l'antimoine et de l'arsenic en poudre.

Dans un autre flacon descendre une bougie allumée : la combustion se continue avec une flamme rouge et très fuligineuse.

Plonger dans un flacon à large ouverture, plein de chlore gazeux, un papier trempé dans de l'essence de térébenthine; une fumée très noire s'échappe du flacon, et l'essence prend feu.

Décolorer de la teinture de tournesol en y versant de l'eau de chlore.

Enlever sur l₁₂ feuillets d'un livre des taches d'encre ordinaire, en les lavant avec de l'eau de chlore, de l'eau de Javel ou une dissolution de chlorure de chaux. Les caractères imprimés ne subissent aucune altération, l'encre d'imprimerie étant faite avec du noir de fumée, sur lequel le chlore n'a aucune action. Les taches jaunes, qui subsistent après l'action du chlore, sont dues à du sesquioxyde de fer, et disparaissent complètement par un lavage à l'acide chlorhydrique étendu d'eau.

Acide chlorhydrique. Préparer de l'acide chlorhydrique, comme il a été expliqué au n° 100.

Montrer la grande solubilité de l'acide chlorhydrique (101).

Mettre de la grenaille de zinc dans une éprouvette; y verser de l'acide chlorhydrique. La réaction est très vive : il se forme du chlorure de zinc et l'on peut, sans danger, enflammer l'hydrogène qui se dégage.

Mettre dans un verre du chlorure de sodium : verser dessus quelques gouttes d'acide sulfurique. Il se dégage immédiatement de l'acide chlorhydrique. Recouvrir le verre d'une cloche ou d'un grand verre dont on a mouillé la paroi intérieure avec de l'ammoniaque; le verre ou la cloche se remplit aussitôt d'une fumée blanche, qui est du chlorhydrate d'ammoniaque, ou chlorure d'ammonium, en poudre impalpable, résultant de la combinaison des deux gaz acide chlorhydrique et ammoniaque.

Chlorures décolorants. Dans un verre mettre du chlorure de chaux; verser dessus quelques gouttes d'un acide quelconque : il y a immédiatement dégagement de chlore très visible par sa coloration verte.

Pour montrer le pouvoir décolorant de l'eau de Javel, mettre dans un verre une petite quantité de cette liqueur et ajouter du tournesol en dissolution; celui-ci bleuit s'il était rouge; à l'aide d'un tube de verre, souffler dans le mélange : le gaz carbonique introduit met le chlore en liberté, et le tournesol est décoloré.

Répéter la même expérience avec le chlorure de chaux en dissolution; la décoloration s'effectue encore, mais, comme il y a formation de carbonate de calcium, la liqueur se trouble. La présence d'un sel de calcium insoluble, dans cette seconde expérience, explique pourquoi l'on préfère aujourd'hui l'eau de Javel au chlorure de chaux dans le blanchiment des tissus.

Chlorate de potassium. Projeter une pincée de ce sel sur des charbons ardents : il y a production d'oxygène, et la combustion est activée.

Faire un mélange de soufre en fleur ou de charbon pulvérisé et de chlorate de potassium (1 gr. au plus); l'envelopper dans du papier et poser la boulette ainsi préparée sur une enclume; l'écraser d'un coup de marteau · il se produit une forte détonation.

CHAPITRE XII

Brome. — Iode. — Fluor.

BROME

Symbole : Br. — Poids atomique = 80.

118. État naturel et extraction. — Le brome existe dans la nature à l'état de bromures. Il a été découvert, en 1826, dans les eaux-mères des marais salants de la Méditerranée ; mais aujourd'hui on le retire surtout des eaux-mères des salines de Stassfurt, et, en petite quantité, des cendres de varechs d'où l'on a déjà extrait la soude et l'iode.

A Stassfurt, les eaux-mères, d'où l'on retire d'abord le chlorure de potassium, contiennent en outre du bromure de magnésium dissous. Il suffit de faire passer un courant de chlore, qui déplace le brome et forme du chlorure de magnésium :

$$\underset{\substack{\text{Bromure} \\ \text{de magnésium.}}}{MgBr^2} \quad + \quad \underset{\text{Chlore.}}{2Cl} \quad + \quad \underset{\substack{\text{Chlorure} \\ \text{de magnésium.}}}{MgCl^2} \quad + \quad \underset{\text{Brome.}}{Br^2}$$

On se sert pour cela de l'appareil suivant (fig. 61) : une tour T est remplie de fragments de grès ; on y fait couler l'eau-mère arrivant en *ee* et circulant de haut en bas, tandis qu'un courant de chlore, arrivant en B, parcourt la tour de bas en haut. Une partie du brome produit est entraînée en vapeur et vient se condenser dans le serpentin S ; on la recueille dans des vases en grès *f*. L'autre partie reste dissoute et s'écoule dans un réservoir RR divisé par des cloisons de grès ; dans ce réservoir arrive un courant de vapeur d'eau qui fait dégager le brome à l'état de vapeur; celui-ci retourne par le tube *t* et remonte à travers la tour pour aller se condenser en *f*.

On purifie ensuite par distillation le brome obtenu.

119. Propriétés. — Le brome est un liquide rouge sous une faible épaisseur, opaque sous une épaisseur plus considérable. Sa densité est 2,97; il bout à 59 degrés et émet, à la température ordinaire, des vapeurs dangereuses à respirer. Le brome est soluble dans l'eau à raison de 35 grammes par litre;

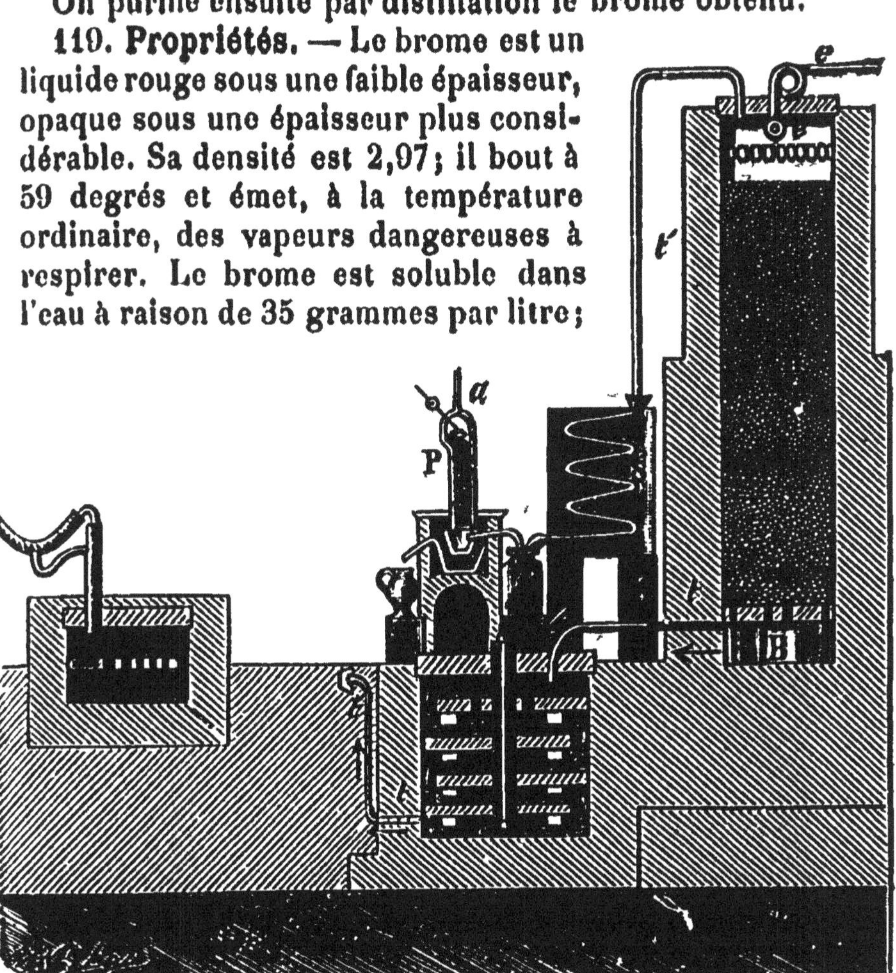

Fig. 61. — Extraction du brome.

il l'est beaucoup plus dans l'éther et le sulfure de carbone

Les propriétés chimiques du brome sont analogues à celles du chlore (96).

Le brome, à l'état libre, est peu employé; il ne sert guère que dans les laboratoires; mais à l'état de bromures, il est souvent utilisé en médecine et en photographie.

120. Bromures. — Le bromure d'argent AgBr est

employé, en photographie, pour la préparation des plaques dites au gélatino-bromure. On ajoute aussi une dizaine de gouttes de bromure de potassium KBr, dans le bain de développement, dans les cas de surexposition ; il agit alors comme *retardateur*.

Le principal bromure employé comme médicament, est le bromure de potassium ; il agit comme modérateur du système nerveux, dans tous les cas de surexcitation cérébrale, à la dose de 3 à 5 grammes par jour. Il est surtout efficace pour combattre l'épilepsie.

IODE

Symbole : I. — Poids atomique = 127.

121. État naturel. — On trouve l'iode avec le brome dans les fucus et les varechs, ainsi que dans les eaux de la mer ; il existe dans les éponges, les foies de certains poissons, tels que les morues, et dans un grand nombre de sources minérales ; on en trouve aussi dans les salpêtres du Pérou et du Chili.

122. Extraction des eaux-mères des cendres de varechs. — On sèche d'abord les varechs au soleil, puis on les chauffe à l'abri de l'air dans des cylindres en fer pour détruire la matière organique. Les cendres ainsi obtenues contiennent de 0,2 à 2 pour 100 d'iode à l'état d'iodures, de petites quantités de bromures, des carbonates, des chlorures, des sulfates, des sulfures et des hyposulfites. On soumet les cendres à des lessivages méthodiques et à des cristallisations successives qui séparent les carbonates, les chlorures et les sulfates ; c'est l'eau-mère de ces cristallisations qui sert à l'extraction de l'iode.

On la traite d'abord à l'ébullition par l'acide sulfurique qui transforme en sulfates les sulfures, sulfites et hyposulfites en chassant l'hydrogène sulfuré et l'anhydride sulfureux qui réagiraient sur le chlore qu'on va employer. On étend la liqueur avec de l'eau, puis on fait passer un courant de chlore qui précipite l'iode; on doit arrêter ce courant assez tôt pour ne pas décomposer les bromures. Les eaux-mères, après précipitation de l'iode, sont employées à l'extraction du brome.

L'iode, obtenu par la méthode précédente ou par d'autres, est lavé, séché, puis purifié par sublimation. A cet effet, on l'introduit dans des cornues en grès C, C' (fig. 62) chauffées au bain de sable B et communiquant avec des récipients R, R' à deux tubulures. La vapeur va se condenser dans les récipients a l'état de paillettes; l'eau entraînée se condense et s'écoule par le faux fond *e* percé de trous.

123. Propriétés et applications de l'iode. — L'iode est un corps solide gris-noir, de densité 4,95 environ; il fond à 113 degrés et bout à 176 de-

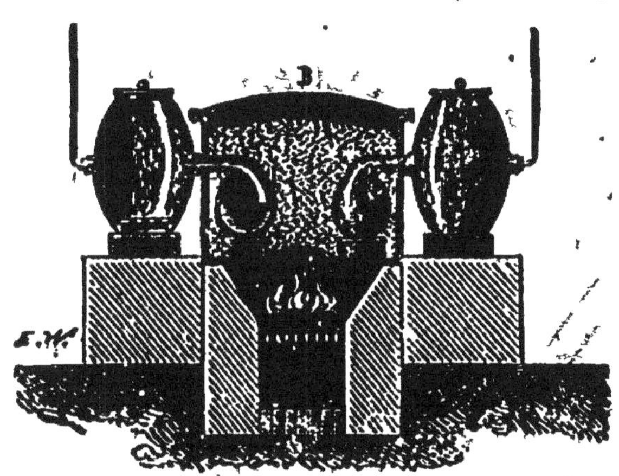

Fig. 62. — Purification de l'iode par sublimation.

grés en donnant de belles vapeurs violettes. Il a une odeur désagréable. L'iode est très peu soluble dans l'eau, mais il se dissout facilement dans l'alcool (*teinture d'iode*) et dans le sulfure de carbone.

Il a les mêmes propriétés chimiques que le chlore et le brome, mais avec une affinité moins grande; mêlé à l'ammoniaque, filtré et séché, il donne une poudre noire qui détone par simple frottement : c'est l'iodure d'azote.

Le réactif de l'iode est l'empois d'amidon : des traces d'iode donnent, en présence de l'empois d'amidon, une coloration bleue due à la formation d'un iodure d'amidon; la coloration disparaît quand on porte à l'ébullition l'eau dans laquelle on a fait la réaction:

L'iode est souvent employé dans les laboratoires, et en médecine; dans ce dernier cas, on l'utilise surtout sous la forme de teinture d'iode, soit à l'extérieur, soit à l'intérieur. A l'extérieur, on l'applique avec un pinceau sur la partie malade, et dans le goître on procède souvent par injection. A l'intérieur, la teinture d'iode se donne à raison de quelques gouttes dans un peu d'eau et convient aux lymphatiques et aux scrofuleux.

124. Iodures. — L'iode peut former plusieurs iodures dont le plus important est l'iodure de potassium (KI). On l'emploie, en médecine, contre le goitre de la glande thyroïde et les engorgements ganglionnaires dus au lymphatisme et à la scrofule; on l'utilise aussi en photographie pour *affaiblir* l'image quand le cliché est trop poussé, c'est-à-dire lorsque les noirs présentent une opacité exagérée.

FLUOR

Symbole : F. — Poids atomique = 19.

125. *Préparation et propriétés.* — M. Moissan a pu isoler le fluor en décomposant, par le courant électrique, l'acide fluorhydrique pur. Il se servait à cet effet de l'appareil suivant (fig. 63).

L'acide fluorhydrique est contenu dans un tube en platine deux fois recourbé TT', refroidi dans un bain AA' de chlorure de méthyle maintenu en ébullition à —23 degrés. Les deux branches du tube sont fermées par des bouchons *b*, *b'* de fluorine, sertis dans des montures de platine. Un tube abducteur *t* communique avec un serpentin de platine S plongé dans le chlorure de méthyle maintenu à — 50 degrés par le passage d'un courant d'air. Le courant électrique arrive et sort par deux fortes tiges de platine *p* et *n* qui plongent au fond des branches T et T'. Le fluor se dégage en *f* et abandonne dans le serpentin S et dans le tube *d* l'acide fluorhydrique entraîné.

Le fluor est gazeux à la température ordinaire; vu dans un tube de platine de 1 mètre, et fermé par des plaques transparentes de *fluorine* (126), il a une couleur jaune plus claire que celle du chlore. Sa densité est 1,265; il se liquéfie à — 95 degrés.

Avec l'hydrogène il détone violemment, même dans l'obscurité. Il enflamme le brome, l'iode, le soufre, le phosphore, l'arsenic, le noir de fumée, etc.

A froid, il attaque les métaux, à l'exception de l'or et du platine qui ne sont attaquables qu'au rouge. Il décompose les acides chlorhydrique, bromhydrique et iodhydrique.

Le fluor ne se rencontre, dans la nature, qu'à l'état de fluorures, dont le plus important est la fluorine.

126. *Fluorine* : CaF^2. — On trouve dans le terrain carbonifère et les schistes houillers, un minéral appelé *fluorine*, dont la coloration

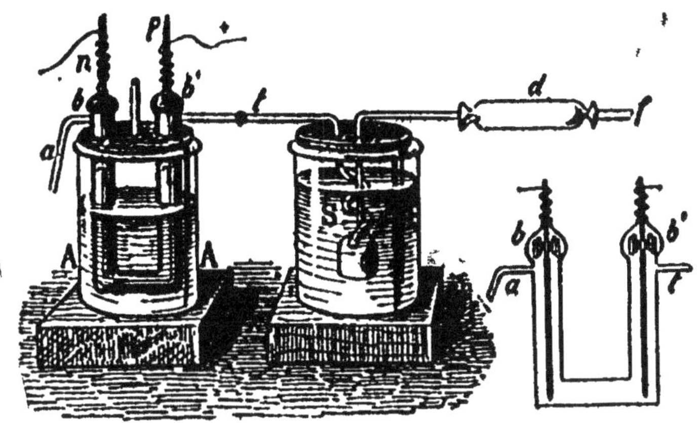

Fig. 63. — Préparation du fluor.

comme la contexture sont variables et qui se présente en masses cristallisées (Vosges, Auvergne, Bretagne). L'industrie l'emploie comme fondant pour les minerais siliceux; les variétés rubanées sont façonnées en vases, coffrets, coupes et autres objets d'ornement assez recherchés; l'architecture l'associe à différents marbres pour la décoration intérieure des édifices; enfin on en fait des abat-jour et des globes de lampe.

ACIDE FLUORHYDRIQUE

Formule : HF. — Poids moléculaire = 20.

127. **Préparation et propriétés de l'acide fluorhydrique.** — On prépare l'acide fluorhydrique hydraté en attaquant par l'acide sulfurique du fluorure de calcium :

$$CaF^2 \ + \ SO^4H^2 \ = \ SO^4Ca \ + \ 2HF$$

Fluorure de calcium.	Acide sulfurique.	Sulfate de calcium.	Acide fluorhydrique.

On se sert d'une cornue de plomb c (fig. 64) dont le

dôme D se démonte et porte un tube en plomb *tt'*, qui est recourbé et plonge dans de la glace; on met dans la panse le mélange de fluorine et d'acide sulfurique, et au bout de quelque temps on ajuste le dôme en collant du papier sur le joint. On chauffe, et l'acide fluorhydrique hydraté va se condenser dans le tube *t'*.

L'acide fluorhydrique ainsi préparé est un liquide de formule $HF + 2H^2O$; l'acide anhydre est d'ailleurs très

Fig. 64. — Préparation de l'acide fluorhydrique.

avide d'eau et répand à l'air des fumées. L'hydrate $HF + 2H^2O$ a pour densité 1,15 et distille à 120 degrés.

L'acide fluorhydrique attaque la silice du verre :

$$SiO^2 \quad + \quad 4HF \quad = \quad SiF^2 \quad + \quad 2H^2O$$

Silice.   Acide fluorhydrique.   Fluorure de silicium.   Eau.

Cette propriété est utilisée dans la gravure sur verre (128); l'acide anhydre n'attaque pas le verre. On conserve cet acide dans des vases en platine, en argent ou en gutta-percha.

Ce corps est dangereux à manier et produit des brûlures difficiles à guérir.

128. Gravure sur verre. — On étend, sur une plaque de verre, une couche de vernis ou de cire et, lorsque celle-ci est sèche, on trace le dessin à reproduire avec une pointe métallique fine, de manière à mettre le verre à nu; puis on porte la plaque ainsi préparée dans une cuve en plomb qu'on peut fermer et dans laquelle se trouve un mélange de fluorure de calcium pulvérisé et d'acide sulfurique; on chauffe légèrement, et les vapeur d'acide fluorhydrique attaquent le verre partout où il est mis à nu. Il suffit ensuite d'enlever la couche de cire ou de vernis en chauffant la plaque.

On peut encore procéder autrement : la plaque est préparée comme précédemment, puis on en forme une sorte de cuvette en entourant les bords d'une couche de cire; on verse alors dans cette cuvette de l'acide fluorhydrique liquide.

Les divisions que portent les thermomètres et certains vases gradués des laboratoires, les dessins des objets de gobeletterie et des glaces de cafés sont obtenus par ces procédés.

129. *Relations entre le chlore, le brome, l'iode et le fluor.* — Les quatre métalloïdes : chlore, brome, iode, fluor, présentent entre eux les plus grandes analogies.

1° Leurs propriétés physiques se modifient en même temps que varie leur poids atomique :

	FLUOR	CHLORE	BROME	IODE
État physique........	Gazeux	Gazeux	Liquide	Solide
Poids atomique.......	19	35,5	80	127
Densité de vapeur...	1,26	2,49	5,54	8,7
Point de fusion......	»	—75°	—7°	+113°
Point d'ébullition....	»	—33°	+59°	+176°

2° Ces corps sont caractérisés par leur atome monovalent; ils s'unissent avec un volume égal d'hydrogène pour donner des acides forts; mais l'énergie de la combinaison décroît du fluor à l'iode.

3° Ces corps ne se combinent pas directement avec l'oxygène; on ne connaît pas de composé oxygéné du fluor; les composés oxygénés des trois autres ont des formules identiques.

4° Il existe de nombreuses relations *d'isomorphisme* (131, note) entre le fluor et le chlore : *apatites* ou fluophosphates de calcium,

$$3(PO^4)^2Ca^3 + Ca \left\{ \begin{matrix} F^2 \\ ou\ Cl^2 \end{matrix} \right.$$ il en existe de plus nombreuses encore entre les chlorures, bromures et iodures métalliques.

130. *Expériences simples.* — *Brome.* Montrer du brome; en verser quelques gouttes dans du sulfure de carbone.

Chauffer légèrement un peu de brome et y laisser tomber de l'antimoine en poudre ou des fragments de potassium; il y a inflammation comme avec le chlore. L'expérience pourrait aussi se faire avec du phosphore, mais elle est dangereuse.

Iode. Montrer de l'iode; préparer de la teinture d'iode en dissolvant une pincée de ce corps dans de l'alcool; montrer qu'il est aussi très soluble dans le sulfure de carbone.

Chauffer légèrement de l'iode dans un creuset qu'on recouvrira d'une petite cloche de verre; sur les parois de celle-ci, il se déposera de l'*iode sublimé*.

Agiter une pincée d'iode avec un peu d'empois d'amidon en dissolution; on obtient une belle coloration bleue qui disparaît par la chaleur, puis reparaît par le refroidissement.

On peut préparer sans danger l'explosif connu sous le nom d'iodure d'azote : agiter une pincée d'iode avec de l'ammoniaque, puis filtrer et laisser sécher; le résidu noir obtenu détonera par le simple frottement d'une barbe de plume.

CHAPITRE XIII

Soufre. — Acide sulfhydrique. Sulfures.

SOUFRE

Symbole : S. — Poids atomique = 32.

131. Propriétés physiques du soufre. — Le soufre est un corps solide à la température ordinaire; sa densité est 2 environ. Il présente une belle couleur jaune citron. Il est inodore et insipide; cependant, il acquiert par le frottement une odeur particulière, qui est celle de l'ozone. Il est mauvais conducteur de la chaleur et de l'électricité. Lorsqu'on tient à la main un morceau de soufre, on entend bientôt des craquements, ordinairement suivis de la rupture du morceau. Cela tient à ce que les parties extérieures recevant de la main la chaleur, qui n'arrive que difficilement aux parties intérieures, se dilatent et se séparent de ces dernières. Cette rupture n'a pas pour seule cause la mauvaise conductibilité du soufre : elle tient aussi à la structure cristalline de ce corps, dont les cristaux ont très peu d'adhérence les uns avec les autres.

Le soufre est insoluble dans l'eau; son véritable dissolvant est le *sulfure de carbone* (284).

Soumis à l'action de la chaleur, il fond à 114 degrés et forme un liquide très fluide de couleur jaune; si l'on élève sa température, le liquide s'épaissit vers 160 degrés et prend une couleur brune. Vers 200 degrés, il est tellement épais qu'on peut retourner le vase sans qu'il s'en échappe, ou, tout au moins, il a la viscosité d'un goudron très peu fluide. Au delà de 250 degrés, il reprend sa fluidité, sans perdre sa couleur brune, et cela jusqu'à 448 degrés, température à laquelle il entre en ébullition et distille.

Lorsqu'on coule dans l'eau froide du soufre épais, il ne redevient pas solide et jaune : il reste mou pendant un certain temps, peut s'étirer en fils; il a une élasticité comparable à celle du caoutchouc, et conserve sa couleur brune. Il ne reprend la consistance et la couleur du soufre ordinaire qu'au bout d'un certain temps; cette variété est désignée sous le nom de *soufre mou*.

Lorsqu'on fond un corps et qu'on le laisse ensuite se refroidir lentement, il peut, affecter, en se refroidissant, des formes géométriques régulières, qu'on appelle *cristaux*[1]. De même une dissolution *saturée* d'un corps solide, c'est-à-dire contenant à l'état dissous .tout ce qu'elle

1. Lorsqu'on examine d'une manière superficielle les cristaux, si nombreux et si variés dans leur forme, que nous offre la nature, ou que nous rencontrons dans les laboratoires, ils présentent entre eux des différences si multiples qu'il semble impossible de leur trouver des caractères communs et d'essayer d'en faire la classification. Mais une étude plus sérieuse fait saisir des caractères de ressemblance, et, des formes en apparence bien différentes et opposées ne sont pour ainsi dire que des déguisements sous lesquels se cache le même individu.

On a trouvé que tous les cristaux pouvaient être considérés comme dérivant, suivant des lois simples déterminées, de six formes principales qu'on a appelées *formes-types* ou *systèmes cristallins* :

1° Le système du cube;
2° Le système du prisme droit à base carrée;
3° Le système du prisme droit à base rectangle;
4° Le système du prisme hexagonal régulier ou système rhomboédrique;
5° Le système du prisme oblique à base carrée;
6° Le système du prisme oblique à base de parallélogramme.

L'étude des cristaux présente le plus haut intérêt, car la manière dont cristallise un corps constitue une des propriétés caractéristiques de ce corps.

Il est des cas, assez rares, où un même corps peut affecter deux formes cristallines n'appartenant pas au même système. C'est en cela que consiste le *dimorphisme*.

Le soufre et le carbonate de calcium nous offrent des exemples de dimorphisme. Le soufre fondu cristallise en prismes obliques à base carrée. Lorsqu'on le dissout dans le sulfure de carbone et qu'on laisse évaporer sa dissolution, on l'obtient en octaèdres dérivant du prisme droit à base rectangle. Le carbonate de calcium se trouve dans la nature tantôt à l'état

peut contenir du corps, peut, lorsqu'on la refroidit ou qu'on l'évapore lentement, laisser cristalliser le corps dissous.

Le soufre est un corps dimorphe : cristallisé par fusion, il se présente sous forme d'aiguilles transparentes prismatiques; sa dissolution dans le sulfure de carbone, abandonnée à l'évaporation, laisse déposer des cristaux octaédriques.

A 448 degrés, la densité de la vapeur de soufre est 6,6; à une température plus élevée, cette densité diminue; elle devient égale à 2,2 et reste constante au delà de 860 degrés. La densité 2,2 est la densité normale de la vapeur de soufre et correspond au poids moléculaire 64.

132. **Propriétés chimiques.** — Le soufre est inaltérable à l'air, à la température ordinaire; mais, chauffé à 250 degrés, il brûle, et le produit de cette combustion est de l'anhydride sulfureux. C'est le gaz qui se forme quand on enflamme des allumettes soufrées.

Il forme avec l'oxygène de nombreuses combinaisons, dont les principales sont les anhydrides et les acides sulfureux et sulfurique (Chap. XIV et XV).

Il se combine facilement avec les métaux, et la nature nous offre un grand nombre de sulfures métalliques : aussi a-t-on appelé le soufre le *grand minéralisateur* des métaux.

133. **Extraction du soufre.** — Le soufre se trouve en très grande abondance dans la nature à l'état natif. On le rencontre en général dans les terrains voisins des volcans. Certains terrains en sont tellement imprégnés

de cristaux rhomboédriques, c'est le *spath d'Islande*; tantôt à l'état de prismes droits à base rectangle, c'est l'*aragonite*.

Il y a des substances qui sont même capables de cristalliser sous plus de deux formes *incompatibles*, c'est-à-dire appartenant à des systèmes différents : on les appelle *polymorphes*; tel est l'oxyde de titane, qui cristallise sous trois formes incompatibles.

Si un corps peut affecter deux ou plusieurs formes cristallines incompatibles, inversement des corps différents peuvent donner des cristaux identiques. Quand deux corps présentent la même forme cristalline et que leurs dissolutions peuvent *cristalliser ensemble*, on les dit *isomorphes*.

qu'on leur a donné le nom de *terres de soufre, solfatares, soufrières* : telles les solfatares de Pouzzoles près de Naples, celles de l'île de la Réunion, de la Guadeloupe.

La Sicile, qui fournit la plus grande partie du soufre que consomme l'industrie, paraît être un vaste gisement, où l'on rencontre le soufre natif, depuis l'Etna jusqu'à Siacca sur le versant méridional de l'île. On extrait le soufre que contiennent les minerais, en le séparant des matières terreuses qui l'acccompagnent, par une fusion ou liquation assez grossière. Pour cela, sur le fond incliné d'excavations circulaires pratiquées dans le sol, on cons-

Fig. 65. — Distillation du soufre à Pouzzoles.

truit, avec de gros morceaux de minerai, une espèce de voûte ou canal qui aboutit à un trou de coulée situé à la partie la plus basse; au-dessus de cette voûte. on empile du minerai jusqu'à une certaine hauteur et l'on met le feu au tas par la partie supérieure. La chaleur se propage peu à peu de haut en bas; une partie du soufre brûle, le reste fond, se sépare des matières terreuses et se rend, par le canal dont nous avons parlé, dans le trou de coulée; on le reçoit dans de grands moules en bois humides où il se solidifie. Le soufre ainsi produit est appelé *soufre brut.* La perte en soufre brûlé pour produire la fusion est de 25 à 40 0/0. On peut diminuer ces pertes en se servant, pour fondre le soufre, de combustibles autres que le soufre lui-même.

A la solfatare de Pouzzoles, près de Naples, le minerai se compose de sables qui sont imprégnés de soufre et qu'on distille. Ces sables sont introduits dans des pots en terre cuite A (fig. 65), rangés sur deux banquettes parallèles, dans des fourneaux en briques appelés *galères*. Chaque galère renferme douze pots. Les pots A communiquent à l'extérieur avec des pots C, où vient se condenser le soufre vaporisé par l'action de la chaleur que produit la combustion du bois brûlé dans la galère.

Dans certains cas, pour la fabrication de l'acide sulfurique, par exemple, le soufre est employé à l'état brut; mais, pour un grand nombre d'industries, il a besoin d'être purifié. On le soumet alors au raffinage.

134. Raffinage du soufre brut. — Ce raffinage se fait par distillation, dans un appareil qui permet d'avoir le soufre soit à l'état de masses cylindriques solides qu'on appelle *canons*, soit à l'état de soufre pulvérulent dit *soufre en fleur*. Cet appareil se compose de deux chaudières ou cornues T (fig. 66), chauffées dans un fourneau F et communiquant par un conduit courbe avec une chambre en maçonnerie. Le soufre brut est fondu dans la chaudière A par la chaleur perdue du foyer; cette chaudière communique avec les cornues par un tube à robinet *r* qui se voit sur la gauche de la figure. Il suffit d'ouvrir le robinet pour faire rendre le soufre liquide dans les cornues. Là il est vaporisé et la vapeur se rend dans la chambre. Au contact de ses parois d'abord froides, le soufre passe à l'état de poussière solide excessivement fine. C'est le soufre en fleur. Mais peu à peu la chaleur latente, qui se dégage au moment de la solidification, échauffe les murs de la chambre, et le soufre peut y rester liquide. Il coule alors sur le sol incliné et, en enlevant une tige *t* qui ferme un trou pratiqué à la partie inférieure de la chambre, on le fait passer dans une chaudière B chauffée à part. On le puise dans cette chaudière avec une cuiller et on le verse dans des moules de bois légèrement coniques et refroidis dans des baquets d'eau froide.

Quand on ne veut obtenir que de la fleur de soufre, il faut empêcher les parois de la chambre de s'échauffer. Il suffit, pour cela, d'employer une chambre très grande, ou de ne faire servir qu'une seule des cornues.

Fig. 66. — Raffinage du soufre.

135. Usages du soufre. — Le soufre sert à la fabrication de l'acide sulfurique, entre dans la composition de la poudre à canon et de la plupart des poudres d'artifice. Sa fluidité, lorsqu'il est liquide, et sa facile solidification, le font employer pour prendre des empreintes de médailles, destinées aux reproductions galvanoplastiques. Il sert aussi à sceller le fer dans la pierre; mais ce mode de scellement n'est pas sans inconvénients. La fabrication des allumettes et la vulcanisation du caoutchouc en emploient des quantités considérables. En médecine, il sert au traitement des maladies de la peau. On en fait un grand usage dans le *soufrage* des vignes pour détruire l'oïdium, champignon parasite qui se développe sur

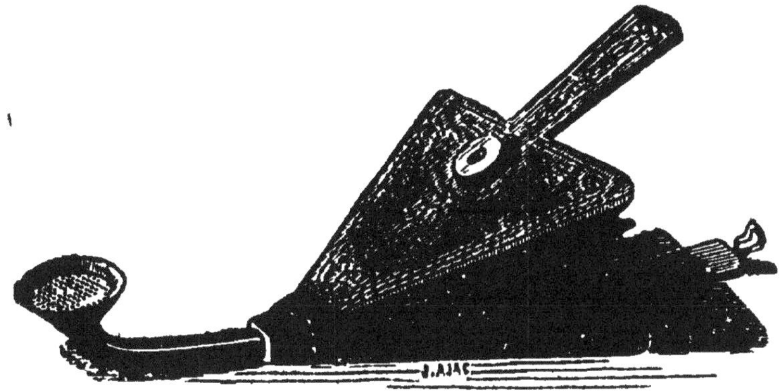

Fig. 67. — Soufflet pour le soufrage des vignes.

toutes les parties de la vigne et amène la destruction des grappes. On se sert, dans cette opération, du soufflet représenté par la figure 67.

136. Analogies entre l'oxygène et le soufre. — Il existe des analogies chimiques étroites entre l'oxygène et le soufre : 1° on peut les extraire par calcination des produits naturels, le bioxyde de manganèse et le bisulfure de fer; 2° leur atome est bivalent; 3° leur molécule se condense aux températures basses pour donner l'ozone O^3 et la vapeur de soufre qui tend vers la formule S^8; 4° ils se combinent directement avec le carbone en donnant l'anhydride carbonique CO^2 et l'anhydride sulfocarbonique ou sulfure de carbone CS^2; 5° ils se combinent avec la plupart des métaux en produisant des composés, oxydes et sulfures, dont les propriétés sont tout à fait comparables.

ACIDE SULFHYDRIQUE OU HYDROGÈNE SULFURÉ
Formule : H^2S. — Poids moléculaire $= 34$.

137. État naturel. — L'acide sulfhydrique existe en dissolution dans les eaux minérales *sulfureuses* d'Aix-en-Savoie, de Barèges, d'Enghien, de Bagnères-de-Luchon, etc. Ces eaux sont employées dans le traitement des maladies de la peau et des affections du larynx.

Dans les régions volcaniques, notamment près du lac d'Agnano et à la solfatare de Pouzzoles, l'hydrogène sulfuré se dégage du sol et produit des fumées, appelées *fumerolles*, résultant de la décomposition de l'hydrogène

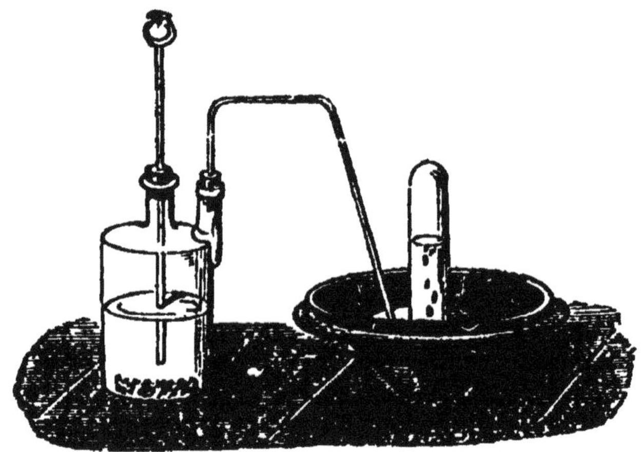

Fig. 68. — Préparation de l'acide sulfhydrique.

sulfuré et de la production, au contact de l'air humide, d'eau et de soufre divisé.

L'acide sulfhydrique est un produit de la putréfaction des matières organiques contenant du soufre; de là son dégagement permanent dans les fosses d'aisances. Il forme avec l'ammoniaque qui s'y dégage un sulfure d'ammonium volatil, qui est très toxique et peut faire périr les ouvriers employés à la vidange des fosses d'aisances.

On rend cette opération moins dangereuse en versant dans les fosses, avant que d'y laisser descendre les

ouvriers, une dissolution du sulfate de fer ou *vitriol vert.*
Le sulfate de fer et le sulfure d'ammonium se décomposent
mutuellement pour donner lieu à du sulfure de fer et à du
sulfate d'ammonium.

L'hydrogène sulfuré prend aussi naissance dans les
eaux qui sont soustraites au contact de l'air et contiennent

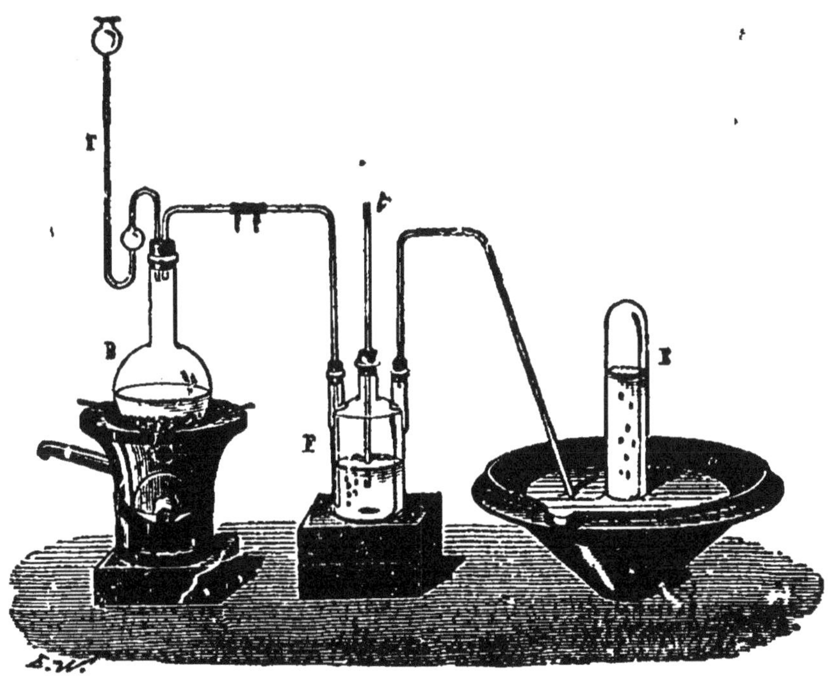

Fig. 69. — Préparation et purification de l'acide sulfhydrique.

du sulfate de calcium et des matières organiques. C'est
pour cela que les eaux naturelles se putréfient dans les
citernes mal construites.

138. **Préparation.** — L'hydrogène sulfuré peut se
préparer de deux manières :

1° *Par le sulfure de fer et l'acide sulfurique.* On met
dans un flacon à deux tubulures (fig. 68) du sulfure de fer
et de l'acide sulfurique :

$$FeS \quad + \quad SO^4H^2 \quad = \quad SO^4Fe \quad + \quad H^2S$$

Sulfure de fer.   Acide
                    sulfurique.   Sulfate de fer.   Hydrogène
                                                        sulfuré.

8

2° *Par le sulfure d'antimoine et l'acide chlorhydrique.*
On chauffe dans un ballon de l'acide chlorhydrique et du sulfure d'antimoine :

$$Sb^2S^3 \quad + \quad 6HCl \quad = \quad 3H^2S \quad + \quad 2SbCl^3$$

Sulfure d'antimoine.	Acide chlorhydrique.	Hydrogène sulfuré.	Chlorure d'antimoine.

Comme le gaz pourrait entraîner avec lui un peu d'acide chlorhydrique, on le fait passer (fig. 69) dans un flacon F contenant de l'eau qui retient l'acide chlorhydrique.

139. Propriétés physiques. — L'hydrogène sulfuré ou acide sulfhydrique est un gaz incolore, doué d'une odeur fétide ; c'est celle qu'exhalent les œufs pourris. Sa densité est égale à 1,189 ; 1 litre de ce gaz pèse donc 1 gr. 538.

Il a pu être liquéfié par une pression de 16 atmosphères. L'eau en dissout trois fois son volume, et l'on prépare sa dissolution en faisant passer dans un appareil de Woolf, contenant de l'eau récemment bouillie, le gaz préparé dans un ballon.

L'hydrogène sulfuré est très délétère : un oiseau périt dans une atmosphère qui en contient $\frac{1}{1500}$. Dans les cas d'empoisonnement par ce gaz, on fait respirer du chlore ou de l'oxygène pur.

140. Propriétés chimiques. — Il s'enflamme au contact d'une bougie allumée et donne une flamme bleue. Les produits de sa combustion sont l'eau et l'anhydride sulfureux ; quand il brûle dans une éprouvette, il se dépose un peu de soufre sur les parois de l'éprouvette, parce que la combustion est incomplète.

L'oxygène sec n'a pas d'action sur lui à la température ordinaire, mais l'oxygène et l'air humides le décomposent : il se forme de l'eau et un dépôt de soufre.

En présence des corps poreux, l'action est plus complète ; le soufre se combine aussi avec l'oxygène et forme de l'acide sulfurique. C'est à la production de cet acide sulfurique qu'est due la destruction rapide des linges qui servent aux baigneurs, dans les établissements de bains sulfureux.

Le chlore décompose l'acide sulfhydrique pour former de l'acide chlorhydrique avec l'hydrogène qu'il contient. Cette propriété fait employer le chlore pour combattre les empoisonnements par l'hydrogène sulfuré.

L'acide sulfhydrique est décomposé par la plupart des métaux, même à froid ; une pièce d'argent humide, plongée dans ce gaz, noircit bientôt. Il se forme un sulfure.

L'acide sulfhydrique réduit un grand nombre de composés : acide sulfurique, anhydride sulfureux, acide azotique, sels métalliques, etc.

141. Usages. — L'acide sulfhydrique est surtout employé, dans les laboratoires, soit à l'état gazeux, soit en dissolution pour l'analyse des composés métalliques, parce qu'il forme avec les métaux de ces composés des sulfures insolubles de couleur variable.

SULFURES MÉTALLIQUES

142. — Le sulfure d'un métal monovalent M' a pour formule M'^2S et celui d'un métal divalent M'' est représenté par $M''S$; exemple :

Sulfure d'argent	Ag^2S
Sulfure de cuivre	CuS

Quelques sulfures ont une composition plus complexes : tels sont les sulfures de potassium, dans lesquels le soufre entre en 5 proportions différentes :

Protosulfure de potassium		K^2S
Bisulfure	—	K^2S^2
Trisulfure	—	K^2S^3
Tétrasulfure	—	K^2S^4
Pentasulfure	—	K^2S^5

L'existence de ces composés vérifie d'une façon remarquable la loi des proportions multiples.

143. État naturel des sulfures métalliques. — On trouve dans le sol plusieurs sulfures métalliques; tels sont : le sulfure de fer ou *pyrite*, le sulfure de cuivre appelé encore *pyrite cuivreuse*.

Quelques sulfures sont utilisés comme *minerais*, par exemple la *blende* ou sulfure de zinc, la *galène* ou sulfure de plomb, le *cinabre* ou sulfure de mercure.

144. Propriétés. — Les sulfures métalliques sont solides; ils sont cassants; la plupart d'entre eux sont opaques et conduisent mal la chaleur et l'électricité.

Les sulfures sont, en général, colorés : le sulfure de fer est jaune, le sulfure de mercure est rouge, le sulfure de plomb est d'un gris noirâtre. Leur couleur varie, du reste, avec l'état moléculaire : ainsi, le sulfure de zinc naturel est jaune-brun, tandis que celui qu'on obtient par l'action d'un sulfure alcalin sur un sel de zinc est blanc sale. Les sulfures sont insolubles dans l'eau, à l'exception des sulfures de potassium, de sodium, de calcium et de magnésium.

La chaleur peut fondre les sulfures. Certains d'entre eux, les sulfures de mercure et d'arsenic, par exemple, se volatilisent sans se décomposer. La plupart des sulfures, sous l'action de la chaleur, sont ramenés à un degré de sulfuration moindre.

L'oxygène agit sur les sulfures; le résultat de cette action dépend de la stabilité des corps qui peuvent se former :

1° Au contact de l'air et de l'oxygène, et à une température élevée, les sulfures capables de donner des sulfates indécomposables par la chaleur se transforment en sulfates. Tels sont les sulfures de potassium, de sodium, de calcium et de magnésium;

2° Les sulfures des métaux ordinaires donnent, en présence de l'air et de l'oxygène, à une température peu élevée, un mélange de sulfate et d'oxyde, en même temps qu'un dégagement d'anhydride sulfureux. A une température plus élevée, le sulfate lui-même se décompose, et l'on n'obtient que l'oxyde. Tels sont les sulfures de fer et de cuivre.

L'oxygène humide agit plus énergiquement que l'oxygène sec ; le sulfure de fer, par exemple, se transforme à l'air humide en sulfate de fer. La réaction se fait avec un dégagement de chaleur tel, qu'elle peut déterminer l'inflammation de la houille, au milieu de laquelle le sulfure se trouve quelquefois disséminé.

145. *Expériences simples.* — *Soufre.* Montrer du soufre en canons et du soufre en fleur.

Faire fondre du soufre dans un creuset ou dans une coupelle ; verser une partie du soufre fondu dans de l'eau : on obtient du soufre mou. Laisser refroidir le reste jusqu'à ce qu'il se forme à la surface une croûte solide ; percer cette croûte et laisser écouler le soufre encore liquide. La croûte étant enlevée, on aperçoit des cristaux prismatiques très longs, en forme d'aiguilles.

On obtiendra des cristaux octaédriques de soufre en faisant dissoudre, dans un ballon, 40 grammes de soufre dans 80 centimètres cubes de sulfure de carbone ; on facilite la dissolution en plongeant le ballon pendant quelques minutes dans de l'eau à 60 degrés environ ; filtrer, puis abandonner à l'évaporation dans un endroit frais (avoir soin d'opérer loin de toute flamme).

Acide sulfhydrique. Préparer de l'acide sulfhydrique, en dehors de la classe.

Enflammer le gaz contenu dans une éprouvette, et faire constater le dépôt de soufre.

Répéter avec l'acide sulfhydrique l'expérience de la lampe philosophique.

Faire arriver le gaz qui se dégage, dans une dissolution d'azotate de plomb et de sulfate de zinc : il se forme du sulfure de plomb et du sulfure de zinc. Faire constater que le premier est noir, et le second blanc. Cette constatation a son application dans l'emploi, en peinture, de la céruse et du blanc de zinc (273).

Plonger une pièce d'argent dans une dissolution d'acide sulfhydrique : elle noircit en peu de temps ; remarquer que cet effet se produit sur les cuillers en argent qui servent à manger les œufs.

Verser quelques gouttes de teinture d'iode dans une dissolution d'hydrogène sulfuré : il y a formation d'un dépôt de soufre.

Sulfures. Constater avec le papier de tournesol que le gaz sulfhydrique et sa dissolution ont une réaction acide.

Précipiter du sulfure de cuivre en versant quelques gouttes d'une dissolution d'hydrogène sulfuré dans une dissolution de sulfate de cuivre. Remarquer que quelques-unes des réactions précédentes ont aussi donné lieu à la production d'un sulfure.

CHAPITRE XIV

ANHYDRIDE SULFUREUX

Formule : SO². — Poids moléculaire = 64.

146. Préparation de l'anhydride sulfureux. — Le soufre en brûlant, c'est-à-dire en se combinant avec l'oxygène de l'air, forme un gaz d'odeur piquante qui provoque la toux : ce gaz est l'*anhydride sulfureux*, encore appelé *gaz sulfureux*.

Le procédé industriel de préparation du gaz sulfureux

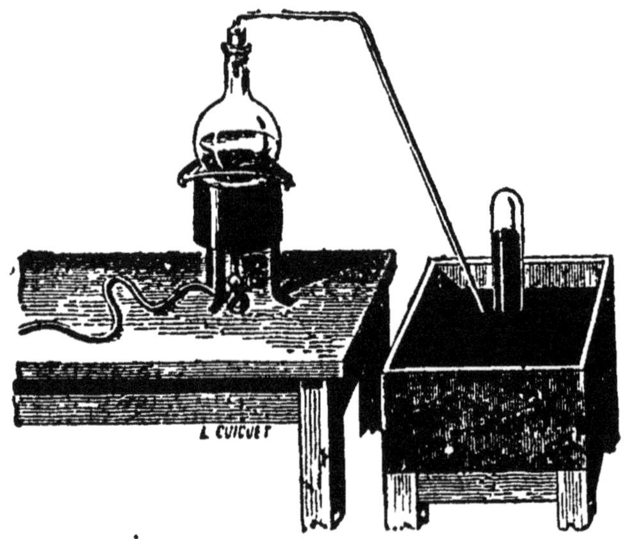

Fig. 70. — Appareil pour préparer l'anhydride sulfureux par le cuivre et l'acide sulfurique.

consiste à brûler du soufre à l'air, ou à griller de la *pyrite* ou bisulfure de fer, FeS². Le courant d'air qui active la combustion entraîne le gaz produit dans des chambres où il est utilisé.

Dans les laboratoires, on obtient le gaz sulfureux en désoxydant partiellement l'acide sulfurique par le cuivre on par le mercure. On chauffe dans un ballon (fig. 70) de l'acide sulfurique et de la tournure de cuivre. Le cuivre, métal divalent, prend dans une partie de l'acide sulfurique la place de 2 atomes d'hydrogène, et il se forme du sulfate de cuivre; quant à l'autre partie de l'acide sulfurique, elle se décompose en anhydride sulfureux et en oxygène, lequel se combine avec l'hydrogène mis en liberté par le cuivre et forme de l'eau.

$$Cu \quad + \quad 2SO^4H^2 \quad = \quad SO^4Cu \quad + \quad SO^2 \quad + \quad 2H^2O$$

Cuivre.	Acide sulfurique.	Sulfate de cuivre.	Anhydride sulfureux.	Eau.

Le gaz sulfureux étant très soluble dans l'eau, on le recueille sur la cuve à mercure. Quand on n'a pas de cuve à mercure, on profite de ce que le gaz sulfureux est plus dense que l'air et on le recueille par déplacement.

On peut encore disposer l'appareil à préparation comme il a été dit au n° 19 (fig. 21).

147. Propriétés physiques. — L'anhydride sulfureux est un gaz incolore, doué d'une odeur piquante et provoquant la toux; c'est celle du soufre qui brûle. Sa densité est 2,263.

On le liquéfie facilement par le froid. Il suffit, pour cela, de faire arriver dans un tube CC, entouré d'un mélange réfrigérant, le gaz préparé en A, desséché par son passage dans une éprouvette B (fig. 71), remplie de chlorure de calcium. Quand on veut en préparer une certaine quantité et le conserver, on se sert d'un tube en U portant, dans la partie inférieure de sa courbure, un tube droit qui descend dans un ballon E, à col étranglé, plongeant aussi dans un mélange réfrigérant F. Pour fermer le ballon, on n'a qu'à diriger la flamme du chalumeau sur sa partie étranglée et à l'étirer pendant le ramollissement du verre. On peut alors enlever le ballon du mélange réfrigérant : une petite quantité d'anhydride sulfureux se vaporise, et

la vapeur produite exerce bientôt une pression suffisante
pour maintenir le reste à l'état liquide.

L'anhydride sulfureux peut aussi être liquéfié, à la température ordinaire, sous une pression de 3 à 4 atmosphères. L'évaporation rapide de l'anhydride sulfureux
produit un grand refroidissement, que M. Pictet a
appliqué à la fabrication de la glace artificielle.

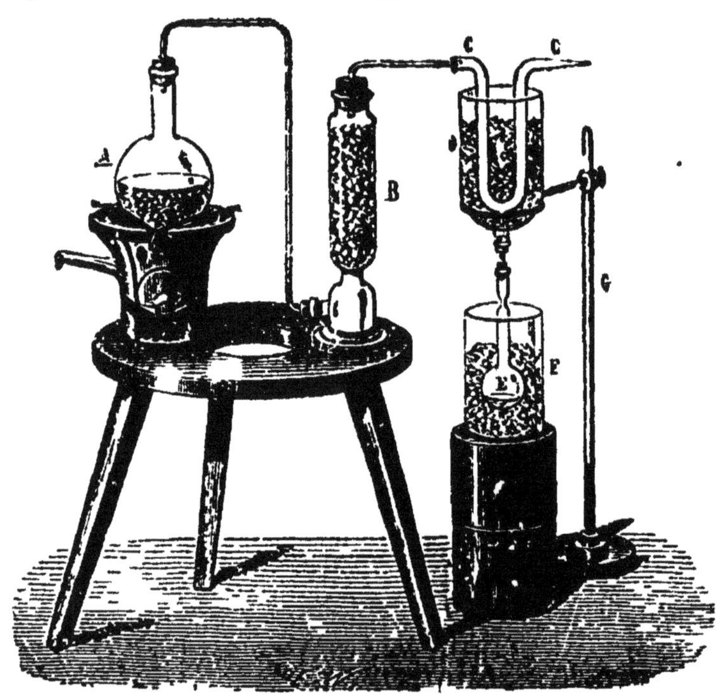

Fig. 71. — Appareil pour liquéfier l'anhydride sulfureux.

L'anhydride sulfureux est très soluble dans l'eau, qui
en dissout 50 fois son volume vers 15 degrés. Pour faire
cette dissolution, on se sert d'un appareil de Woolf
(fig. 72), terminé par une éprouvette E, renfermant de la
potasse destinée à absorber l'excès de gaz. On doit faire
bouillir l'eau avant de la faire servir à la dissolution, afin
d'en chasser l'air, dont l'oxygène transformerait le gaz
sulfureux en acide sulfurique. Malgré cette précaution,
si l'on ne prend le soin de maintenir la dissolution dans
des flacons bien pleins et à l'abri du contact de l'air, elle

reprend de l'oxygène à l'air, et la transformation en acide sulfurique se fait peu à peu.

148. Propriétés chimiques. — Le gaz anhydride sulfureux éteint les corps en combustion, ce qui le fait employer quelquefois pour l'extinction des feux de cheminée. À cet effet, on jette dans le foyer de la fleur de soufre qu'on enflamme, et l'on bouche la cheminée, aussi hermétiquement que possible, avec des draps mouillés. Le gaz sulfureux, qui ne tarde pas à remplir la cheminée, arrête la combustion de la suie.

L'anhydride sulfureux n'est pas respirable. Il est

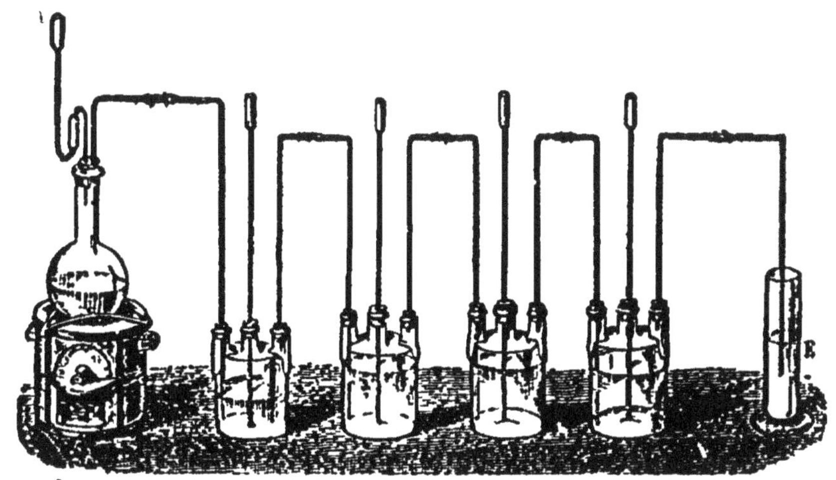

Fig. 72. — Appareil de Woolf pour préparer la solution d'anhydride sulfureux.

décomposable, à une température élevée, en soufre et en oxygène.

Lorsqu'on verse quelques gouttes d'acide azotique dans une éprouvette remplie d'anhydride sulfureux, on voit apparaître immédiatement des vapeurs rouges de peroxyde d'azote, provenant de la décomposition de l'acide azotique, qui a cédé de l'oxygène à l'anhydride sulfureux, et l'a transformé en acide sulfurique. Cette réaction est utilisée dans la fabrication en grand de ce dernier acide. L'anhydride sulfureux est un réducteur énergique.

149. Action sur les matières colorantes. — L'anhydride sulfureux, en vertu de sa tendance à se combiner avec l'oxygène, altère un grand nombre de matières colorantes dont il prend l'oxygène. Un bouquet de violettes, introduit dans une éprouvette remplie d'anhydride sulfureux, est bientôt décoloré. Cette action décolorante est utilisée dans le blanchiment de la laine, de la soie, etc. Dans certains cas, l'anhydride sulfureux ne semble pas agir par désorganisation de la matière colorante, mais paraît former avec elle un produit incolore.

150. Blanchiment de la laine et de la soie par l'anhydride sulfureux. — La laine, préalablement débarrassée de ses matières grasses par un lavage à l'eau, dit *désuintage*, est suspendue, encore humide, sur des perches disposées dans une chambre où l'on brûle du soufre. Cette chambre doit présenter, à sa partie supérieure, une ouverture qu'on peut fermer avec un registre. Au bas de la porte se trouve une autre ouverture, que peut fermer une petite planche formant chatière et permettant, lorsqu'elle est soulevée, la rentrée de l'air extérieur.

On allume du soufre dans une terrine; on ferme la chatière, en laissant ouvert le registre pour permettre la dilatation que l'air subit; lorsque la chambre est remplie d'anhydride sulfureux, on ferme le registre et l'on abandonne la laine, pendant douze heures, à l'action du gaz; il se dissout dans l'eau qui mouille les filaments, agit sur la matière colorante et la blanchit. Au bout de douze heures, on crée un tirage en ouvrant la chatière et le registre; les vapeurs sulfureuses sortent, et l'on peut alors entrer dans la chambre pour y prendre la laine qu'on porte au grand air, afin de dissiper l'odeur du gaz sulfureux.

Après le soufrage, la laine est rude au toucher; on lui rend sa douceur et sa souplesse par un très léger bain de savon.

La soie est blanchie par un procédé semblable. Mais, avant le soufrage, elle doit être privée de la matière cireuse qu'elle renferme; on la lui enlève soit par des bains acides, soit par des bains de savon, suivant l'usage auquel elle est destinée. A la sortie de ces bains, la matière a subi déjà un commencement de blanchiment.

151. Applications diverses de l'anhydride sulfureux. — On emploie encore l'anhydride sulfureux, gazeux ou dissous, pour blanchir les plumes, la baudruche, les chapeaux de paille.

Il sert aussi pour assainir les lieux infectés par la présence de miasmes putrides, pour désinfecter les vêtements ou le linge qui ont servi à des personnes atteintes de maladies transmissibles : le gaz sulfureux joue ainsi le rôle d'*antiseptique*.

On l'employait autrefois dans le traitement des maladies de la peau, de la gale en particulier; aujourd'hui, on se sert de pommades à base de soufre, qui produisent le même effet.

L'anhydride sulfureux est très employé pour détruire les moisissures, champignons en filaments très déliés, qui se développent dans les tonneaux dans lesquels on doit conserver le vin, la bière. Il suffit, pour cela, de brûler à l'intérieur du fût une mèche soufrée.

Le pouvoir décolorant du gaz sulfureux est utilisé pour enlever les taches de vin ou de fruits. On fait un petit cornet de papier, troué à son sommet, et l'on brûle à sa base quelques allumettes soufrées, ou un morceau de soufre; l'anhydride sulfureux, entraîné par le tirage dans cette espèce de cheminée, sort par l'ouverture supérieure, au-dessus de laquelle on expose la partie tachée qu'on a imbibée d'eau. On doit ensuite laver le linge; sans quoi, la tache reparaîtrait.

152. Anhydrides. — Nous avons souvent désigné le gaz que nous venons d'étudier, sous le nom d'*anhydride*; il faut préciser ce terme. On appelle anhydrides, en général, *des composés oxygénés qui, en s'unissant à l'eau, donnent des acides* : les résultats de la combustion du soufre, du phosphore, du charbon, dans l'oxygène (78) sont des anhydrides.

Les anhydrides sont donc, en réalité, des oxydes ; mais, pour les désigner, on prend le nom du corps simple, qu'on fait suivre de la terminaison *eux* (le moins oxydé) ou de la terminaison *ique* (le plus oxydé, s'il n'y en a que deux), et auquel on ajoute, quand cela est nécessaire, des préfixes destinés à indiquer le degré d'oxydation : *hypo* pour désigner un degré inférieur d'oxydation, et *per* et *hyper* pour désigner un degré supérieur.

Ainsi, l'on dit :

> L'anhydride sulfureux.
> —   sulfurique.
> —   persulfurique.
> —   hypochloreux.
> —   chloreux.

153. Acide sulfureux. — La dissolution aqueuse de l'anhydride sulfureux rougit la teinture de tournesol, et présente tous les caractères d'un acide. On admet qu'elle contient un hydrate SO^3H^2, qui serait l'*acide sulfureux*. On n'a pu l'isoler. Mais la dissolution mise en présence des bases donne lieu à des sels appelés *sulfites*.

Les sulfites sont des sels qui s'oxydent facilement à l'air, et s'y transforment en sulfates. Leurs dissolutions traitées par un acide laissent dégager l'odeur d'anhydride sulfureux et ne donnent pas lieu à un dépôt de soufre.

154. — Nous citerons, à côté de l'acide sulfureux, deux autres composés oxygénés du soufre, qu'il est utile de connaître à cause de l'importance des sels qu'ils forment avec le sodium : ce sont les acides *hydrosulfureux*, SO^2H^2 et *hyposulfureux*, $S^2O^3H^2$.

L'hydrosulfite de sodium est employé pour la décoloration des jus sucrés et la transformation de l'*indigo* bleu insoluble en indigo bleu soluble en milieu alcalin.

L'hyposulfite de sodium est très employé, en photographie, pour dissoudre les sels d'argent non réduits par la lumière sur les plaques sensibles, en même temps qu'il transforme l'argent métallique en sulfure ; la même transformation s'opère dans le virage des épreuves par le chlorure d'or.

155. *Expériences simples.* — Descendre au fond d'un flacon à large ouverture un godet contenant du soufre enflammé : le flacon se remplit de gaz sulfureux.

Préparer du gaz sulfureux par l'acide sulfurique et le cuivre. Employer pour cela l'appareil expliqué au n° 19 ; on obtient ainsi l'anhydride sulfureux à l'état de gaz et en dissolution.

Pour montrer la grande solubilité de l'anhydride sulfureux, prendre le flacon A (fig. 21), plein de gaz, pincer le raccord en caoutchouc qui termine un des tubes adaptés au flacon, et plonger l'autre tube dans une terrine pleine d'eau : le flacon ne tarde pas à se remplir. Si l'eau de la terrine a été colorée en bleu par de la teinture de tournesol, la coloration de cette eau passe au rouge en arrivant dans le flacon, ce qui montre que, au contact de l'eau, le gaz sulfureux devient un acide, l'acide sulfureux.

Plonger dans un flacon rempli d'anhydride sulfureux, ou dans une dissolution de ce gaz, des roses ou des violettes; ces fleurs deviennent blanches, ce qui montre le pouvoir décolorant du gaz sulfureux. Si l'action n'a pas été trop prolongée, elles reprennent leur coloration par un lavage à l'eau acidulée d'acide sulfurique.

CHAPITRE XV

Acide sulfurique. — Sulfates.

156. Anhydride et acides sulfuriques. — Le soufre forme avec l'oxygène un composé plus oxygéné que l'anhydride sulfureux et qu'on nomme *anhydride sulfurique* : SO^3.

Par hydratation, ce corps se transforme en *acide sulfurique*, qu'on appelle encore *acide sulfurique normal* :

$$SO^3 + H^2O = SO^4H^2$$

Il existe un autre acide sulfurique, dit *acide fumant* ou *de Nordhausen*; on peut le considérer comme formé par la dissolution de l'anhydride sulfurique dans l'acide normal; sa formule est donc :

$$SO^3 + SO^4H^2 \text{ ou } S^2O^7H^2$$

L'anhydrique sulfurique est un corps solide, se présentant sous la forme d'aiguilles blanches qui, au contact de l'air, s'hydratent instantanément et se transforment en acide sulfurique normal; aussi ne peut-on le conserver que dans des tubes fermés.

ACIDE SULFURIQUE NORMAL OU HUILE DE VITRIOL

Formule : SO^4H^2. — Poids moléculaire = 98.

157. Préparation. — L'acide sulfurique est un produit industriel dont nous exposerons les détails de la fabrication en troisième année.

Nous indiquerons sommairement la théorie de cette préparation. On prépare l'acide sulfurique en utilisant la propriété qu'a l'acide azotique de transformer l'anhydride sulfureux en acide sulfurique, en l'oxydant :

$$SO^2 + 2(AzO^3H) = SO^4H^2 + 2(AzO^2)$$

Anhydride sulfureux.   Acide azotique.   Acide sulfurique.   Peroxyde d'azote.

Le corps représenté par la formule AzO^2 est du peroxyde d'azote qui jouit de la propriété, en présence de l'eau et de l'oxygène de l'air, de régénérer de l'acide azotique :

$$2AzO^2 + H^2O + O = 2AzO^3H$$

Peroxyde d'azote.   Eau.   Oxygène.   Acide azotique.

Il résulte de ce fait que l'acide azotique, qui vient d'oxyder l'anhydride sulfureux, reprend à l'air et à l'eau les principes qu'il a cédés et peut ainsi, en quantité limitée, transformer en acide sulfurique des quantités illimitées de gaz sulfureux.

158. Propriétés physiques. — L'acide sulfurique ordinaire est un liquide incolore et inodore, quand il est pur ; sa consistance oléagineuse lui a fait donner le nom d'*huile de vitriol*, parce qu'on l'a extrait d'abord du sulfate de fer ou vitriol vert. Sa densité est 1,848 ; il marque 66 degrés à l'aréomètre de Baumé ; il se congèle à 34 degrés au-dessous de zéro, n'émet pas de vapeurs à la température ordinaire, mais entre en ébullition à 326 degrés.

Quand on veut distiller de l'acide sulfurique dans une cornue de verre, il faut prendre quelques précautions ; sans quoi, son ébullition, à cause de la viscosité du liquide et de son adhérence pour le verre, se fait avec des soubresauts qui peuvent amener la rupture de la cornue. Pour éviter cet inconvénient, au lieu de chauffer le vase par le fond, on le chauffe latéralement à l'aide de la grille annulaire que représente la figure 73 ; le dôme en tôle D entretient, à la partie supérieure de la cornue, une chaleur suffisante pour empêcher la condensation des vapeurs avant leur arrivée dans le col

159. Propriétés chimiques. — L'acide sulfurique est un acide excessivement énergique ; il rougit encore le tournesol, alors même qu'il est étendu de mille fois son poids d'eau.

L'acide sulfurique attaque à froid le fer et le zinc, en dégageant de l'hydrogène ; nous avons utilisé cette propriété pour préparer l'hydrogène. En présence de certains métaux, comme le cuivre et le mercure, nous avons vu (146) qu'il se désoxydait partiellement, et donnait lieu à la production d'anhydride sulfureux. Il se désoxyde également en présence du charbon et du soufre.

Fig. 73. — Appareil pour la distillation de l'acide sulfurique.

L'acide sulfurique a une grande tendance à se combiner avec l'eau. Aussi s'en sert-on pour dessécher les gaz. Exposé à l'air humide, il peut absorber 15 fois son poids d'eau. Lorsqu'on le mélange avec l'eau, il se produit une élévation de température, qui peut aller jusqu'à 100 degrés. On doit toujours, lorsqu'on fait ce mélange, verser l'acide sulfurique dans l'eau ; si l'on versait l'eau dans l'acide sulfurique, il pourrait y avoir projection du liquide en dehors du vase ; ce fait s'explique de la façon. suivante : chaque goutte d'eau en tombant dans l'acide, se vaporise instantanément, ce qui peut provoquer des projections d'acide.

L'affinité de l'acide sulfurique pour l'eau suffit pour déterminer la fusion de la glace. Il se produit ici deux phénomènes distincts : 1° dégagement de chaleur par suite de la combinaison de l'acide et de l'eau ; 2° absorption de chaleur par la fusion de la glace. Suivant que l'un ou l'autre de ces effets l'emporte, il y a abaissement ou élévation de température ; 1 kilogramme de glace et 4 kilogrammes d'acide donnent un mélange dont la température s'élève jusqu'à 100 degrés, tandis qu'en mélangeant, au contraire, 4 kilogrammes de glace et 1 kilogramme d'acide, on obtient un froid de 20 degrés au-dessous de zéro.

L'acide sulfurique carbonise les matières organiques. C'est ainsi qu'une baguette de bois blanc, un morceau de sucre, plongés dans l'acide sulfurique, noircissent. Cette action résulte de l'affinité de l'acide pour l'eau : la matière organique étant ordinairement formée de carbone, d'hydrogène, d'oxygène et d'azote, l'oxygène et l'hydrogène, en présence de l'acide, se combinent en formant de l'eau, qui est enlevée par l'acide sulfurique, et le carbone qui reste noircit la matière organique.

C'est en raison de cette action sur les matières organiques, que l'acide sulfurique brûle les chairs; aussi ne doit-on le manier qu'avec une grande prudence. En cas de brûlure par cet acide, il faut plonger immédiatement la partie brûlée dans l'eau, qui dilue l'acide et en atténue ainsi l'action.

160. Usages de l'acide sulfurique.— Au point de vue de ses applications, l'acide sulfurique est peut-être le plus important des corps que la chimie ait à étudier. Il n'est presque pas d'industrie qui n'en fasse usage. Dumas a prétendu qu'on peut se rendre compte du développement de l'industrie générale d'une nation, par la quantité d'acide sulfurique qu'elle consomme.

L'acide sulfurique sert à la fabrication d'autres acides, comme l'acide azotique et l'acide chlorhydrique, du sulfate de sodium d'où l'on retire la soude du commerce, des sulfates industriels, des bougies stéariques. Il est employé pour transformer les phosphates naturels en superphosphates. Souvent on mélange à l'acide azotique employé dans l'industrie de l'acide sulfurique : son rôle paraît être, en se combinant avec l'eau de l'acide azotique, de rendre celui-ci plus énergique. L'acide sulfurique sert encore à fabriquer le sucre de fécule, à épurer les huiles, à dissoudre l'indigo, à purifier les pétroles, et enfin à produire de l'électricité dans quelques genres de piles.

ACIDE SULFURIQUE FUMANT DE SAXE OU DE NORDHAUSEN

Formule : $S^2O^7H^2$. — Poids moléculaire $= 178$.

161. Préparation. — La préparation de l'acide fumant a été localisée longtemps à Nordhausen, en S.xe; d'où son nom.

On prépare cet acide en distillant du sulfate de fer. Ce sulfate est lui-même produit par l'oxydation à l'air des sulfures de fer ou pyrites, et principalement de la pyrite blanche.

La distillation du sulfate de fer s'opère dans des cornues en terre placées les unes à côté des autres sur un fourneau de galère (fig. 74).

Le four porte ordinairement deux cents cornues placées sur deux étages. La calcination du sulfate produit d'abord de l'eau et de l'anhydride sulfureux; lorsque ce premier résultat est atteint, on abouche chaque cornue avec un récipient en terre incliné, qui contient un peu d'acide sulfurique ordinaire. L'acide anhydre distille et se dissout dans l'acide des récipients. Après l'opération, on trouve dans les cornues du *colcothar* ou sesquioxyde de fer (Fe^2O^3).

162. Propriétés et usages. — L'acide de Saxe est oléagineux, fumant à l'air, et laisse dégager, quand on le chauffe, des vapeurs d'anhydride sulfurique.

Il sert à la fabrication de l'alizarine artificielle, du

sulfate d'indigo, employé en teinture. On le préfère à l'acide ordinaire, parce qu'il ne contient pas de vapeurs

Fig. 74. — Préparation de l'acide sulfurique de Nordhausen.

nitreuses, qui ont la propriété de transformer l'indigo en une substance jaune.

FONCTION ACIDE

103. Nous avons déjà défini les acides par leur action sur les réactifs colorés (58); il nous faut maintenant préciser cette notion.

Si, comme nous l'avons fait pour l'analyse de l'eau par la pile (23), on décompose l'acide sulfurique normal, SO^4H^2, par le courant électrique, on constate que l'hydrogène se rend au pôle négatif; quant au résidu SO^4 qu'on appelle *radical* de l'acide (54), il se rend au pôle positif, se dédouble en oxygène et en anhydride sulfurique SO^3 qui, en présence de la solution aqueuse, s'hydrate pour reformer de l'acide sulfurique.

Ce fait est général dans l'*électrolyse* des acides : l'hydrogène se rend toujours au pôle négatif; on dit qu'il est *électro-positif*, et l'on comprend que, dans un acide, l'hydrogène pourrait être remplacé par un élément électro-positif comme lui, par exemple un métal.

Nous appellerons donc *acides les composés hydrogénés qui peuvent échanger tout ou partie de leur hydrogène contre un métal*; et nous pouvons ajouter que la plupart des acides rougissent la teinture de tournesol et le sirop de violettes.

Il y a lieu de considérer dans les acides deux espèces d'atomes d'hydrogène : les uns peuvent être remplacés par des atomes d'un métal, ce sont les atomes d'*hydrogène basique;* les autres ne peuvent pas l'être, ce sont les atomes d'*hydrogène typique.*

Ainsi les acides sulfurique et sulfureux : SO^4H^2 et SO^3H^2, contiennent deux atomes d'hydrogène remplaçables par un métal, ou deux atomes d'hydrogène basique.

L'acide acétique, qui constitue l'élément actif du vinaigre, a pour formule $C^2H^4O^2$, et contient seulement 1 atome d'hydrogène basique et 3 atomes d'hydrogène typique. Sa formule s'écrirait donc plus rationnellement : $C^2H^3O^2$. H, afin de mettre en évidence l'hydrogène remplaçable.

Le nombre d'atomes d'hydrogène basique que renferme la molécule d'un acide détermine sa *basicité* : un acide est dit *monobasique, bibasique, tribasique*, suivant que sa molécule renferme 1, 2 ou 3 atomes d'hydrogène remplaçable par un métal. L'acide acétique est monobasique ; les acides sulfurique et sulfureux sont bibasiques.

164. Nomenclature des acides oxygénés. — La définition que nous avons donnée s'applique à tous les acides oxygénés ou non; mais les acides oxygénés peuvent être considérés (152) comme résultant de l'action de l'eau sur les anhydrides : les anhydrides sulfureux SO^2 et sulfurique SO^3 engendrent les acides sulfureux SO^3H^2 (SO^2+H^2O) et sulfurique SO^4H^2 (SO^3+H^2O). On nomme les acides oxygénés ou *oxacides* par opposition aux hydracides (65), en substituant le mot *acide* au mot *anhydride*.

165. Sels. — Le composé résultant de la substitution

d'un métal à tout ou partie de l'hydrogène basique d'un acide constitue un *sel*.

Le sel est dit *neutre*, si tout l'hydrogène basique de l'acide a été remplacé par un métal; il est dit *acide*, quand cette substitution n'a été que partielle. Ainsi l'acide sulfurique renferme dans sa molécule 2 atomes d'hydrogène; si les *deux* atomes sont remplacés par un métal, on a un sel *neutre*; si la substitution ne s'est faite que sur *un* atome d'hydrogène, on a un sel *acide*.

Par exemple, avec un métal monovalent tel que le sodium, l'acide sulfurique donnera deux sels de formules SO^4NaH et SO^4Na^2; le premier est acide, le second est neutre. Avec un métal divalent, tel que le calcium, on n'aurait qu'un sel neutre : SO^4Ca. Il en serait de même de ces deux métaux avec l'acide sulfureux.

166. Nomenclature des sels. — On désigne les sels en prenant le nom de l'acide qui les a formés, en y remplaçant la terminaison *ique* par *ate*, la terminaison *eux* par *ite*, et en unissant par la préposition *de* le mot ainsi formé, au nom du métal. Ainsi on dit : sulfite et sulfate (neutre ou acide) de sodium, sulfate de calcium, de cuivre, etc. On dira de même : acétate, azotite, azotate, carbonate, etc., pour les sels formés avec les acides acétique, azoteux, azotique, carbonique, etc.

Nous ferons remarquer qu'un sel acide est parfois distingué du sel neutre par le préfixe *bi*; ainsi on dit : bicarbonate, bisulfate de sodium, etc., pour les sels acides.

Certains métaux peuvent former, avec un même acide, deux séries de sels neutres qu'on distingue en ajoutant les terminaisons *eux* ou *ique* au nom du métal; ainsi on dit : sulfate ferreux et sulfate ferrique.

SULFATES

167. Composition. État naturel. — Le sulfate neutre d'un métal monovalent M' a pour formule $SO^4M'^2$; le sulfate acide $SO^4M'H$. Le sulfate d'un métal divalent M" a pour formule $SO^4M"$.

On trouve dans la nature un certain nombre de sulfates : nous citerons les sulfates de calcium, de magnésium, d'aluminium.

168. Propriétés. — Les sulfates sont tous solides; ils sont en général solubles dans l'eau. La chaleur décompose un grand nombre de sulfates; les produits de la décomposition varient selon la température à laquelle elle se fait. Le charbon réduit les sulfates sous l'influence de la chaleur, et il reste le métal lui-même ou son sulfure :

$$SO^4K^2 \quad + \quad 4C \quad = \quad K^2S \quad + \quad 4CO$$

Sulfate de potassium. — Charbon. — Sulfure de potassium. — Anhydride carbonique.

$$SO^4Cu \quad + \quad C \quad = \quad Cu \quad + \quad SO^2 \quad + \quad CO^2$$

Sulfate de cuivre. — Charbon. — Cuivre. — Anhydride sulfureux. — Anhydride carbonique.

Les principaux sulfates sont ceux de calcium SO^4Ca, de fer SO^4Fe, de cuivre SO^4Cu, de zinc SO^4Zn, que nous étudierons ailleurs.

169. Isomorphisme des sulfates. — Si l'on porte un cristal de sulfate de magnésium dans une dissolution de sulfate de zinc ou de nickel, le cristal continue de s'accroître en s'adjoignant une couche du nouveau sel, mais sa forme fondamentale reste invariable. On dit que ces sulfates sont *isomorphes*, c'est-à-dire que non seulement ils ont la même forme cristalline, mais peuvent coexister en toutes proportions dans le même cristal.

Les sulfates de fer et de manganèse, qui cristallisent dans un autre système que les sulfates précédents, sont aussi isomorphes.

Il y a plus : tous ces corps, qu'on appelle souvent *sulfates magnésiens*, peuvent s'unir aux sulfates de potassium, de sodium, d'ammonium; les composés doubles qui en résultent sont encore isomorphes; leur formule est analogue à celle du sulfate double de magnésium et de potassium : $SO^4Mg + SO^4K^2 + 6H^2O$.

D'autres classes de corps offrent aussi des exemples d'isomorphisme; tels sont les *aluns*, parmi lesquels l'alun

de potasse ou alun ordinaire est bien connu par ses nombreuses applications. Ils ont tous une formule analogue
à celle de l'alun ordinaire :

$$SO^4K^2 \quad + \quad (SO^4)^3Al^2 \quad + \quad 24H^2O$$

Sulfate de   Sulfate   Eau.
potassium.   d'aluminium.

Tous les aluns cristallisent en octaèdres réguliers.

La considération de l'isomorphisme est très important-
tante, car, d'après la loi de Mitscherlich, *deux corps
isomorphes ont des constitutions chimiques identiques*. On
applique cette loi à la détermination de la formule de
certains composés, ainsi qu'à la recherche des poids
atomiques de quelques corps non volatils (49).

170. *Expériences simples*. — L'acide sulfurique doit être manié
avec prudence. En cas d'accident, plonger immédiatement dans
l'eau la partie atteinte. Les taches rouges faites sur les habits sont
facilement enlevées au moyen d'ammoniaque.

Rappeler que l'acide sulfurique attaque le zinc, à froid, en
dégageant de l'hydrogène; le cuivre, à chaud, en dégageant de
l'anhydride sulfureux.

Plonger une allumette en bois blanc dans de l'acide sulfurique :
on la retire noircie.

Faire un mélange de quelques gouttes d'eau et d'une goutte
d'acide; avec une plume neuve, trempée dans ce mélange, écrire
sur une feuille de papier blanc : les caractères sont à peu près
invisibles. Passer la feuille sur la flamme d'une lampe à alcool, et
les caractères apparaissent en noir, par suite de la concentration
de l'acide, qui a carbonisé le papier.

Pour mettre en évidence la chaleur dégagée par l'acide sulfurique en s'hydratant, plonger un tube à essais renfermant un peu
d'éther dans une éprouvette contenant de l'eau; verser peu à peu
dans celle-ci de l'acide sulfurique; l'éther ne tarde pas à entrer
en ébullition; on peut d'ailleurs suivre l'élévation de la tempéra-
rature avec un thermomètre plongé dans l'éprouvette.

Rappeler que dans la préparation de l'hydrogène il se forme du
sulfate de zinc, et renouveler l'expérience en versant quelques
gouttes d'acide sulfurique dans une éprouvette contenant des
rognures de zinc avec un peu d'eau.

Plonger pendant une demi-minute une feuille de papier ordinaire dans l'acide sulfurique étendu de son volume d'eau, puis
laver à grande eau et laisser sécher; le papier est devenu très
résistant, et constitue une sorte de parchemin végétal.

CHAPITRE XVI

Azote. — Air atmosphérique.

AZOTE

171. Propriétés physiques et chimiques de l'azote. — L'azote est un gaz incolore, inodore, insipide. Il a été liquéfié par M. Cailletet. Sa densité est 0,967; 1 litre de ce gaz à 0 degré et à 760 millimètres pèse 1 gr. 250.

Il éteint les corps en combustion; et les animaux qu'on y plonge, y tombent asphyxiés.

L'azote et l'oxygène de l'air, en présence de la vapeur d'eau, se combinent sous l'influence des étincelles électriques ou éclairs des orages, et donnent de l'acide azotique, qui se combine lui-même avec le gaz ammoniac contenu dans l'air, et donne de l'azotate d'ammonium, qu'on trouve dans les pluies d'orage.

172. Préparation. — La préparation de l'azote, dans les laboratoires, est fondée sur le principe suivant : on enlève à l'air son oxygène soit par le phosphore, soit par le cuivre chauffé au rouge :.

Fig. 75.

1° *Par le phosphore.* Dans une capsule en terre placée sur un bouchon de liège qui flotte (fig. 75) à la surface de l'eau d'une cuve, on met un morceau de phosphore; on l'enflamme et l'on recouvre le tout avec une cloche. Le phosphore brûle aux dépens de l'oxygène de l'air renfermé dans la cloche et se transforme en anhydridę phosphorique qui se dissout dans l'eau. Quand tout l'oxygène est absorbé, le phosphore s'éteint et le gaz qui reste sous la cloche est l'azote. L'eau a monté d'une certaine quantité dans la cloche, pour remplacer l'oxygène absorbé par le phosphore.

L'azote ainsi préparé n'est pas d'une pureté parfaite. Il contient encore un peu d'oxygène qui a échappé à la com-

Fig. 76. — Préparation par le cuivre et l'air.

bustion vive du phosphore, du gaz carbonique provenant de l'air employé, et des vapeurs de phosphore;

2° *Par le cuivre métallique.* On peut préparer l'azote à l'état de pureté parfaite en faisant passer un courant d'air privé de gaz carbonique sur du cuivre métallique chauffé au rouge. A cette température, le cuivre s'empare de l'oxygène de l'air, et l'azote seul se dégage.

L'eau d'un flacon à robinet (fig. 76) s'écoule dans un tube à entonnoir, qui traverse l'une des tubulures du flacon situé au-dessous. L'eau arrivant dans ce flacon en chasse l'air par le tube qui traverse la seconde tubulure et qui communique avec le reste de l'appareil. Les tubes en U contiennent de la potasse caustique destinée à arrêter au passage le gaz carbonique. Le cuivre est contenu et chauffé dans un tube en verre vert porté sur une grille où on l'entoure de charbons ardents; ce tube communique avec une éprouvette dans laquelle se rend l'azote.

173. Applications. — L'azote a été considéré pendant longtemps comme uniquement destiné à tempérer les effets de l'oxygène auquel il est mélangé dans l'air. Mais les travaux de M. Berthelot et d'autres savants ont montré qu'il intervient plus directement dans un grand nombre de phénomènes.

Si l'azote n'a pas la propriété d'entretenir la respiration, il joue cependant un rôle important dans la vie des animaux et des végétaux, car il entre dans la composition de leurs tissus. L'homme et les animaux l'absorbent par les aliments; les végétaux le puisent dans les substances azotées du sol (205).

L'azote est quelquefois employé dans les laboratoires comme atmosphère inoxydante.

AIR ATMOSPHÉRIQUE

174. La Terre est entourée par une couche gazeuse qu'on désigne sous le nom d'*air atmosphérique*, et dont l'épaisseur est de 80 à 100 kilomètres environ.

L'air est incolore, lorsqu'on le regarde sous une faible épaisseur. Vu sous une épaisseur considérable, il paraît bleu; c'est ce qui arrive lorsque l'atmosphère n'est pas chargée de vapeurs, lorsque *le temps est beau*. Si parfois le ciel nous paraît couvert, gris ou blanc, c'est que l'atmosphère, se trouvant chargée de gouttelettes d'eau qui constituent les nuages, nous ne pouvons la regarder sous une épaisseur assez considérable pour qu'elle nous paraisse bleue.

L'air n'a ni odeur ni saveur. Galilée[1] a démontré, en 1640, qu'il était pesant; sa densité est $\frac{1}{773}$ de celle de l'eau. C'est à la densité de l'air, prise pour unité, qu'on rapporte la densité des autres gaz : 1 litre d'air pèse 1 gr. 293, à 0 degré et sous la pression de 760 millimètres.

L'air a pu être liquéfié. L'*air liquide* a reçu déjà de nombreuses applications comme agent frigorifique.

175. Composition. — La composition de l'air n'est connue que depuis la fin du siècle dernier. C'est à Lavoisier (1774) qu'on doit cette découverte, qui doit être considérée comme ayant exercé la plus grande influence sur

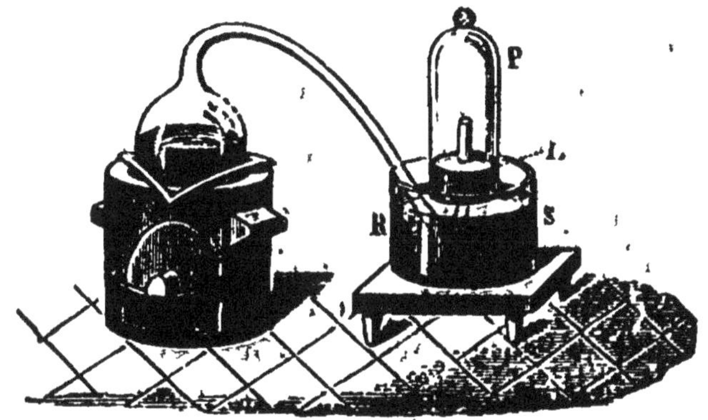

Fig. 77. — Expérience de Lavoisier pour montrer la composition de l'air.

le développement de la chimie. On comprend que la plupart des phénomènes chimiques se passant au milieu de l'air, il doit intervenir dans le plus grand nombre d'entre eux, et que sa part d'influence, comme les résultats de cette intervention, ne pourront être bien calculés et expliqués qu'autant qu'on connaîtra sa composition chimique.

Voici l'expérience mémorable par laquelle Lavoisier démontra l'existence, dans l'air, de deux gaz différents.

Il introduisit un poids déterminé de mercure dans un ballon dont le col recourbé (fig. 77) s'élevait jusqu'au milieu d'une cloche P reposant sur un bain de mercure RS,

---

1. Galilée, né à Pavie en 1564; mort en 1642.

et remplie d'air ; puis, aspirant une partie de cet air avec un siphon, il fit monter le mercure jusqu'à un niveau L qu'il marqua soigneusement avec une bande de papier. Le ballon reposait sur un fourneau. Les charbons que contenait ce dernier, échauffaient le mercure jusqu'à une température voisine de son ébullition.

L'expérience dura douze jours. Au bout du second jour, Lavoisier commença à voir nager à la surface du mercure du ballon de petites parcelles rouges dont le nombre augmenta pendant quatre ou cinq jours. En même temps le mercure s'éleva dans la cloche P. Au bout de douze jours, Lavoisier, voyant que la *calcination* du mercure (oxydation du mercure) ne faisait plus aucun progrès, éteignit le feu et laissa refroidir l'appareil. Il constata alors que le volume d'air qu'il contenait au début de l'expérience avait diminué d'environ $\frac{1}{5}$, que le gaz qui restait n'avait plus la propriété d'entretenir la combustion ni la respiration, que les animaux y tombaient asphyxiés, que les bougies s'y éteignaient immédiatement.

Reprenant alors les parcelles rouges qui s'étaient formées à la surface du mercure (et qui n'étaient autres que de l'oxyde mercurique), il les introduisit dans une petite cornue de verre munie d'un tube abducteur, la chauffa, et décomposa la matière rouge en mercure qui resta dans la cornue et en un gaz qu'il recueillit. Le gaz communiquait à la flamme de la bougie un éclat éblouissant ; le charbon, au lieu de s'y consumer paisiblement, comme dans l'air ordinaire, y brûlait avec éclat.

En réfléchissant aux conséquences de cette expérience, on voit que l'air se compose de deux gaz de nature différente et, pour ainsi dire, opposée : l'un, capable d'être absorbé par le mercure chauffé, de communiquer à la combustion une activité qu'elle n'a pas dans l'air, c'est l'oxygène ; l'autre, incapable de se combiner avec le mercure et d'entretenir la combustion, c'est l'azote.

Lavoisier achevait de prouver cette importante vérité,

en montrant que les deux gaz mélangés dans les proportions qu'il avait déterminées reproduisaient l'air ordinaire.

L'expérience de Lavoisier établissait d'une manière incontestable que l'air était composé d'azote et d'oxygène, mais elle ne donnait pas exactement les proportions relatives de ces deux gaz.

Cette expérience est un mode d'*analyse* de l'air; il existe d'autres procédés d'analyse de l'air, plus simples; nous allons indiquer les principaux.

176. Analyse de l'air par le phosphore à froid. — On introduit un bâton de phosphore mouillé dans un tube gradué reposant sur le mercure (fig. 78), et contenant un volume d'air qu'on observe. Le phosphore s'empare lentement de l'oxygène de l'air, pour former avec lui de l'acide phosphoreux, que dissout l'eau qui mouille le bâton de phosphore. Lorsque celui-ci n'est plus lumineux dans l'obscurité, on mesure le volume gazeux restant, qu'on trouve égal aux $\frac{4}{5}$ du volume primitif.

177. Analyse de l'air par le phosphore à chaud. —

Fig. 78.
Analyse de l'air par le phosphore à froid.

Si l'on opère à chaud, l'analyse se fait plus rapidement. Dans une cloche courbe (fig. 79) contenant un volume déterminé d'air et reposant sur l'eau, on introduit un morceau de phosphore et on le pousse, à l'aide d'un fil de fer, jusqu'à ce qu'il arrive dans le petit renflement que présente la cloche; on chauffe doucement avec une lampe à alcool: le phosphore fond et s'enflamme; une lueur verdâtre traverse la cloche de haut en bas, l'anhydride phosphorique formé se dissout dans l'eau, et l'on mesure le volume d'azote restant: on constate encore que ce volume égale sensiblement les $\frac{4}{5}$ du volume primitif.

178. Analyse de l'air par le cuivre. — *Procédé de*

Dumas et Boussingault. Dans toutes les méthodes précédentes, la composition de l'air se déduit de la mesure de

Fig. 79. — Analyse de l'air par le phosphore à chaud.

volumes gazeux assez petits; il était donc nécessaire de constater les résultats obtenus par un procédé fondé sur

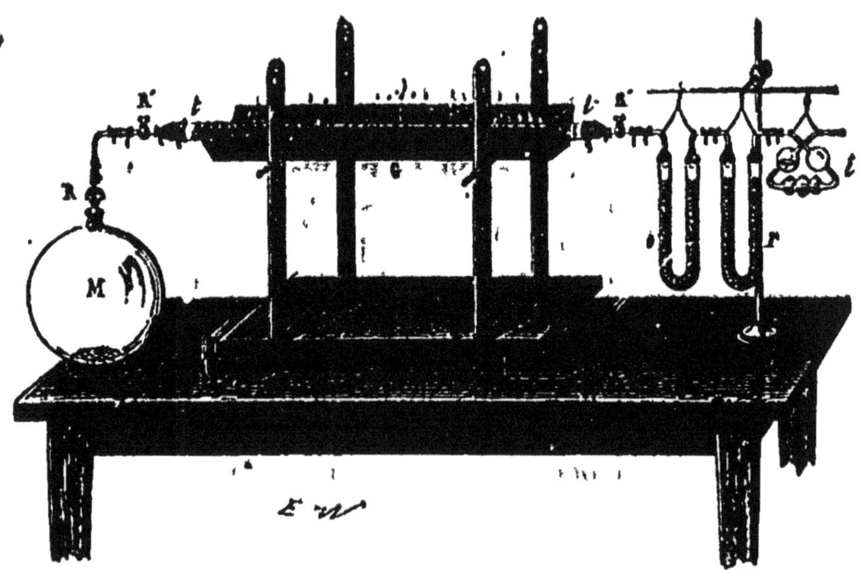

Fig. 80. — Analyse de l'air par le cuivre.

la détermination des poids : d'ailleurs, les procédés où l'on pèse impliquent moins de causes d'erreur que ceux où l'on mesure des volumes. Dumas et Boussingault ont fait l'analyse de l'air en combinant son oxygène avec du cuivre chauffé au rouge, et en recueillant l'azote.

Un ballon M (fig. 80) vide d'air, et portant un robinet R, est relié avec un tube *tt* muni aussi de robinets R', R''. Ce tube, qui est aussi vide d'air et contient de la tournure de cuivre, est posé sur une grille G et se trouve relié lui-même aux tubes *o*, *r* et *i*, destinés à absorber la vapeur d'eau et l'anhydride carbonique que contient l'air qui les traverse. Le ballon M et le tube *tt* ont été pesés avant l'expérience.

On chauffe au rouge le tube *tt*; puis, ouvrant avec précaution les robinets R, R', R'', on laisse arriver sur le cuivre l'air purifié par son passage à travers les tubes *o*, *r*, *i* : le cuivre se combine avec l'oxygène de cet air; quant à l'azote, il se rend dans le ballon M.

L'augmentation de poids subie après l'expérience par le tube *tt* indique le poids d'oxygène contenu dans la quantité d'air considéré; l'augmentation de poids du ballon donne le poids de l'azote. On doit corriger ces résultats, de la quantité d'azote qui reste après l'expérience dans le tube *tt*; on détermine cette quantité en y faisant le vide et en mesurant la diminution de poids qu'il subit par le départ de l'azote. Dumas et Boussingault conclurent de leurs recherches que 100 parties en poids d'air renferment 77 parties d'azote et 23 parties d'oxygène.

D'après des expériences récentes, l'air atmosphérique a la composition moyenne suivante :

1° 100 grammes d'air renferment.. ...
$\begin{cases} 23^g,2 \text{ d'oxygène,} \\ 75^g,5 \text{ d'azote,} \\ 1^g,3 \text{ d'argon.} \end{cases}$

2° 1 litre ou 1 000 centimètres cubes d'air renferment......................
$\begin{cases} 210^{cm3} \text{ d'oxygène,} \\ 780^{cm3},6 \text{ d'azote,} \\ 9^{cm3},4 \text{ d'argon.} \end{cases}$

170. Vapeur d'eau et anhydride carbonique contenus dans l'air. — L'air renferme aussi une petite quantité de *gas carbonique.*

Pour le prouver, on expose à l'air de l'eau de chaux contenue dans un vase large et peu profond. Il se forme bientôt à la surface une pellicule blanche de *carbonate de calcium*, résultant de la combinaison du gaz carbonique de l'air avec la chaux. Si l'on enlève cette pellicule, elle est remplacée par une autre, et, si l'on réunit les pellicules successivement formées à la surface du liquide, qu'on les chauffe dans une cornue de grès, le carbonate de calcium se décomposera en chaux et en gaz carbonique : la chaux restera dans la cornue, et l'on pourra recueillir le gaz carbonique mis en liberté par l'action de la chaleur.

L'air contient aussi de la vapeur d'eau, et c'est la condensation de cette vapeur, qui produit la pluie et les brouillards ; sa congélation produit la neige.

C'est aussi à la présence de la vapeur d'eau dans l'air qu'est due la propriété qu'ont certaines substances, dites *déliquescentes*, comme le sel de cuisine, la potasse, de fondre à l'air, parce qu'elles y absorbent assez d'eau pour s'y dissoudre.

Des analyses précises ont montré que la quantité, en volume, d'anhydride carbonique de l'air oscille entre 0,0002 et 0,0006. Quant à la quantité de vapeur d'eau, elle est très variable.

180. Argon. — Lord Rayleigh et M. Ramsey ont, en 1893, trouvé dans l'air un nouveau corps simple qu'ils ont appelé *argon*, qui n'est pas absorbable par le magnésium comme l'est l'azote, et qui est un peu plus dense que lui. On l'isole de l'air en faisant brûler du magnésium dans des tubes fermés remplis d'air. L'azote et l'oxygène sont absorbés par le magnésium ; l'argon reste. On n'a pas pu réussir à combiner l'argon avec d'autres corps ; c'est de là que vient son nom, qui signifie : *inactif*. La proportion d'argon dans l'air est d'un peu plus de $\frac{1}{100}$.

181. Autres matières contenues dans l'air. — Indépendamment de l'azote, de l'argon, de l'oxygène, de la vapeur d'eau et de l'anhydride carbonique, qu'on trouve constamment dans l'air, il est d'autres substances qui s'y rencontrent en quantités plus faibles et essentiellement variables : ce sont l'ozone (81), l'acide sulfhydrique (137), le gaz ammoniac (196), et l'acide azotique (214).

L'ozone est toujours en quantité appréciable dans l'air des campagnes; il disparaît dans celui des villes.

Avec ces substances se trouvent de nombreux corpuscules organiques ou minéraux qu'on aperçoit très bien sur le trajet d'un rayon solaire traversant une chambre peu éclairée. Ces corpuscules sont de deux espèces : les uns ne vivent pas, les autres vivent. Parmi les premiers,

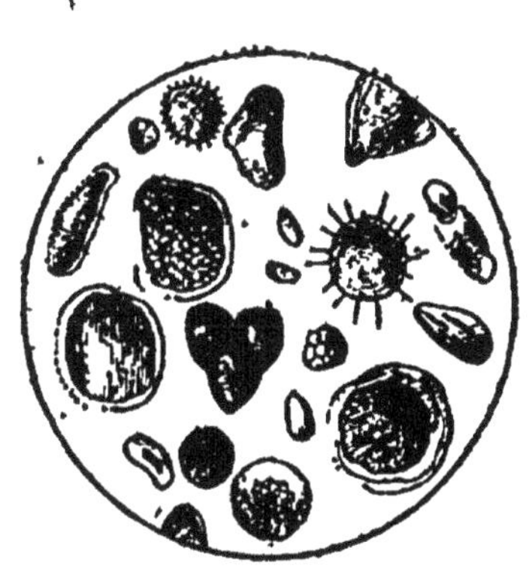

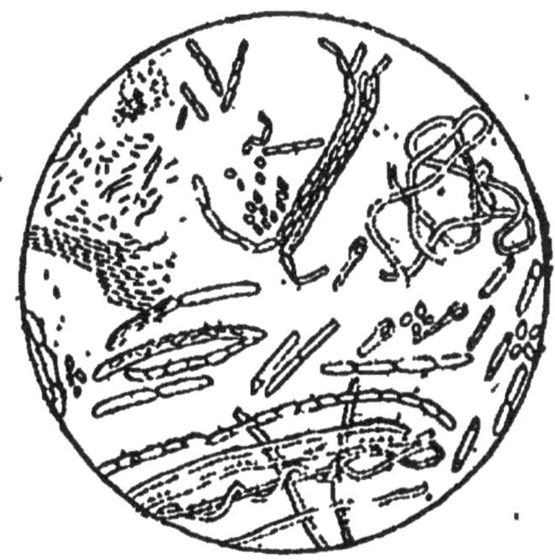

Fig. 81. — Pollens atmosphériques.   Fig. 82. — Bacilles divers et spores.

nous citerons des particules minérales (phosphates, carbonates, fer, etc.); dans les appartements et dans les villes, l'air contient des débris nombreux de brins de soie, de chanvre, de lin, de coton et de laine; dans la campagne, des débris de fibres végétales arrachées aux plantes ou provenant de matières végétales en décomposition.

Les corpuscules organisés sont des animalcules ou des végétaux, tantôt développés, tantôt seulement à l'état de germes. Les travaux de Pasteur ont montré toute l'importance de ces êtres, qu'on désigne sous le nom général de *microbes*; leur nature est extrêmement variée; quelques-uns d'entre eux sont les agents des phénomènes de fermentation, de putréfaction, de moisissure qui se produisent spontanément dans certains milieux organiques. Nous devons ajouter qu'on rencontre dans l'air peu de germes capables de développer des maladies ; les maladies épidémiques se propagent en général par le contact de personnes ou d'objets contaminés, et non par celui de l'air.

Les figures 81 et 82 représentent des corpuscules atmosphériques vus au microscope.

RÔLE DE L'AIR DANS LA COMBUSTION
ET DANS LA RESPIRATION

182. Rôle de l'air dans la combustion. — Nous avons vu plus haut (79) que certains corps pouvaient brûler dans l'oxygène, et que, suivant les cas, la combustion était *vive* ou *lente* ; les mêmes phénomènes de combustion se produisent dans l'air par l'action de l'oxygène qu'il renferme, mais leur intensité est moins vive, car l'azote modère par ses propriétés opposées l'énergie de la réaction.

Les *flammes* (188) sont produites par la combustion d'un gaz ou d'une vapeur au milieu de l'air.

183. Rôle de l'air dans la respiration. — L'air est nécessaire à la respiration des animaux ; cette fonction ne peut s'effectuer dans un milieu dépourvu d'air, ou dans lequel ce fluide serait trop raréfié. On le prouve en plaçant un animal plein de vie sous le récipient de la machine pneumatique. A mesure qu'on enlève l'air par le jeu des pistons, l'animal s'affaiblit, devient haletant, tombe épuisé, et ne tarde pas à mourir. Lavoisier a démontré, en 1777, que le phénomène de la respiration est une combustion lente. Sans entrer dans de grands détails à ce sujet, nous allons indiquer en quoi consiste essentiellement l'accomplissement de cette fonction nécessaire à l'entretien de la vie, et quels en sont les effets.

Le sang est un liquide nourricier qui circule à travers

l'organisme dans un ensemble de vaisseaux, appelé *système circulatoire*. Dans sa marche, il dépose les éléments destinés à nourrir les organes, à réparer leurs pertes incessantes; mais il se charge en même temps de principes qui le rendent impropre à continuer son rôle réparateur. Il faut donc qu'il se revivifie, et cette revivification, qui est le but et l'effet de la respiration, s'accomplit par

Fig. 83. — Expérience pour prouver l'exhalation de l'acide carbonique par les poumons.

l'intermédiaire de l'air atmosphérique. Pour cela, l'air, par les mouvements d'inspiration, est introduit dans l'intérieur des poumons ; le sang impropre à la nutrition, dit *sang veineux*, y arrive aussi et, à travers les membranes qui forment les parois des cellules pulmonaires, s'opère un échange de gaz entre l'air et le sang veineux. Celui-ci exhale le gaz carbonique qu'il contient en excès, et prend une certaine quantité d'oxygène à l'air atmosphérique. Cet oxygène entraîné dans la circulation y brûle les principes charbonneux du sang, et produit ainsi de nouvel anhydride carbonique, qui vient s'échanger dans les poumons contre une nouvelle dose d'oxygène. Dans les mouvements d'expiration, le gaz carbonique est rejeté au dehors.

On peut mettre en évidence cette exhalation de gaz carbonique, en soufflant pendant quelques instants (fig. 83) dans un tube plongeant au milieu d'une dissolution limpide de chaux. L'air qui sort des poumons contient une quantité de gaz carbonique suffisante pour qu'il se produise bientôt un abondant dépôt de carbonate de calcium.

L'air est le seul gaz qui puisse entretenir la respiration d'une manière continue : l'oxygène serait trop actif; l'azote, qui est mélangé avec lui dans l'atmosphère, tempère ses effets.

184. Chaleur animale. — La combustion lente du charbon dans les vaisseaux sanguins est accompagnée d'un dégagement continuel de chaleur. C'est là la source principale de la chaleur animale. Quand la respiration est active, la température du corps de l'animal reste constante, indépendante de la température extérieure ; en général, elle lui est même supérieure. C'est ce qu'on rencontre dans les animaux dits *à sang chaud* ou *à température constante*, comme les mammifères et les oiseaux. Quand la respiration d'un animal est lente, sa température suit la variation de la température des corps environnants : c'est ce qu'on observe chez les reptiles, les poissons, qui sont dits animaux *à sang froid* ou *à température variable*.

185. Air confiné. — Nous avons dit précédemment que, d'après un certain nombre d'analyses, on pouvait considérer la composition de l'air comme invariable; il est bien entendu que cette remarque ne peut s'appliquer qu'à l'air libre. Lorsque, au contraire, l'air est enfermé dans un espace limité, où se trouvent réunis des hommes ou des animaux, la composition de l'atmosphère ne tarde pas à être modifiée. A chaque mouvement respiratoire, une certaine quantité d'oxygène disparaît pour être remplacée par une quantité à peu près équivalente d'anhydride carbonique. Au bout d'un temps variable, qui dépend du nombre des individus et de la capacité de l'enceinte où ils sont renfermés, l'air est devenu irrespirable, ou tout au moins nuisible.

C'est à cette viciation de l'air confiné que doivent être attribués les malaises qu'on éprouve dans les endroits où l'air ne se renouvelle pas suffisamment.

Indépendamment de l'anhydride carbonique, l'air confiné contient encore des matières organiques, dites *miasmes*, qui proviennent de l'expiration des gaz ayant servi à la respiration, et de l'exhalation cutanée. La présence de ces miasmes se traduit par une odeur forte et repoussante. On a constaté que l'air qui s'échappe des cheminées d'appel destinées à opérer la ventilation des salles où se tiennent des assemblées nombreuses, exhale souvent une odeur qu'on ne pourrait supporter impunément. On a prouvé aussi que ces miasmes pouvaient produire la mort d'animaux qui les respiraient au milieu d'une atmosphère où l'on avait pris soin de renouveler l'oxygène et d'absorber le gaz carbonique produit.

On peut facilement constater la présence de ces miasmes dans les endroits où respirent un grand nombre d'individus. Il suffit de suspendre au milieu de l'appartement un ballon rempli de glace (fig. 84); la vapeur d'eau répandue dans l'air se condense sur les parois du ballon, et le liquide recueilli, soumis à une température de 25 degrés, répand bientôt une odeur forte, que produit la décomposition des miasmes entraînés par l'eau qui s'est condensée.

Si l'on ajoute à ces causes de viciation de l'air confiné celle que produit la combustion des substances destinées au chauffage et à l'éclairage, on comprendra toute la nécessité de bons systèmes de ventilation appliqués à nos appartements et aux locaux destinés à des réunions nombreuses.

186. Ventilation. — En tenant compte des conditions assez complexes de ce problème, on a trouvé qu'il faut, en moyenne, 10 à 12 mètres cubes d'air neuf par heure et par individu. Dans tout système de ventilation sagement conçu, on doit se proposer de fournir *au moins* cette quantité d'air. La plupart de nos salles d'assemblée ne rempliraient pas ces conditions, si elles n'étaient soumises à un système plus ou moins parfait de ventilation.

Beaucoup de chambres à coucher sont très insalubres, surtout lorsque l'absence de cheminée diminue la ventilation qui s'opère par les joints des portes et des fenêtres.

187. Respiration des végétaux. — La respiration des végétaux se fait dans des conditions analogues à celle des animaux. Ils prennent de l'oxygène à l'air, et rejettent du gaz carbonique; mais, sous l'influence de la lumière, grâce à la chlorophylle, les plantes absorbent le gaz carbonique contenu dans l'air, s'assimilent son carbone, et

Fig. 84. — Expérience pour prouver la présence des miasmes dans l'air.

rejettent l'oxygène. C'est pour cela que les arbres plantés dans les jardins publics assainissent l'atmosphère des villes.

Pendant la nuit les plantes respirent comme pendant le jour; seulement, comme elles sont privées de la lumière, elles ne rejettent pas l'oxygène du gaz carbonique, et l'atmosphère se vicie. C'est ce qui explique pourquoi il est malsain de coucher dans une chambre où se trouvent des plantes.

FLAMMES

188. On appelle *flamme* un gaz ou une vapeur en combustion, portés à une température assez élevée pour devenir lumineux.

Lorsqu'un corps ne peut se transformer en gaz ou en vapeur, il peut devenir lumineux par l'action d'une température suffisante, mais il ne produit pas de flamme : tels sont le charbon bien calciné, le fer, le cuivre, etc... Le phosphore, le soufre, le zinc, qui sont volatils, les gaz combustibles, comme l'hydrogène, brûlent au contraire avec flamme.

189. Température de la flamme. — La température de la flamme a pour cause la chaleur dégagée par la combinaison, avec l'oxygène de l'air, du gaz ou de la vapeur combustible. Cela est si vrai que la flamme n'est lumineuse qu'aux points où le gaz est en contact avec l'oxygène. Approchons une bougie de l'orifice d'une éprouvette remplie d'hydrogène (fig. 85), l'éprouvette étant tournée vers la terre, de sorte que le gaz plus léger que l'air reste dans l'éprouvette; le gaz s'enflamme, mais la flamme ne se propage pas dans l'intérieur. Re-

Fig. 85. — Combustion de l'hydrogène.

tournons au contraire l'éprouvette (fig. 86) : le gaz en vertu de sa légèreté s'échappera en partie, une certaine quantité d'air le remplacera, et la flamme se propagera dans l'intérieur.

Il résulte de là qu'à l'intérieur d'une flamme la température est bien plus basse qu'à l'extérieur, puisqu'il n'y a contact et combinaison avec l'oxygène que sur les parties externes. On peut le prouver très simplement par l'expérience suivante

Plaçons (fig 87) une feuille de papier en travers de la flamme d'une bougie, et nous verrons une auréole roussâtre apparaître à sa surface : elle correspond aux points où la partie extérieure de la flamme, partie qui est la plus chaude, a carbonisé le papier avant de l'enflammer ; quant au centre de l'auréole, le papier y est resté blanc,

Fig. 86. — Combustion de l'hydrogène.

Fig. 87. — Expérience de Faraday.

parce qu'il n'a été en contact qu'avec les parties centrales et froides.

Les flammes produites par les différents corps combustibles n'ont pas toutes la même température : plus l'affinité pour l'oxygène du corps qui brûle est grande, plus la température de la flamme est élevée. Aussi celle de l'hydrogène est-elle plus chaude que celle du charbon, celle du charbon plus chaude que celle du soufre.

190. Éclat de la flamme. — L'éclat de la flamme est produit par la suspension au milieu du gaz en combustion de particules solides qui s'y échauffent assez pour devenir elles-mêmes lumineuses. La flamme de l'hydrogène est très pâle, sans éclat, parce qu'il ne peut se produire dans la combustion de ce gaz aucune parcelle solide ; celle du gaz d'éclairage est brillante, parce que ce gaz, en brûlant, donne lieu à des particules de charbon qui restent en suspension dans la flamme et y deviennent lumineuses. Il en est de même pour la flamme de l'huile et de la bougie.

Pour comprendre que l'éclat d'une flamme tient à la présence de corps solides, il suffira de remarquer que la flamme la plus pâle, celle de l'hydrogène, devient brillante dès qu'on y introduit un corps solide, comme un fil mince de platine, des brins d'amiante, de la chaux vive, etc. Réciproquement, la flamme brillante d'une lampe à huile devient terne et fumeuse, dès qu'on enlève le verre qui l'enveloppe. C'est que, le verre une fois enlevé, le courant d'air qui circulait autour de la flamme et lui fournissait l'oxygène nécessaire à la combustion des particules charbonneuses produites par la décomposition de l'huile, devient moins actif; la combustion n'est plus complète, la température des gaz qui composent la flamme s'abaisse, et les particules de charbon, ces-

Fig. 88. — Action d'une toile métallique sur une flamme.

sant d'être incandescentes, forment cette fumée noire qu'on voit s'élever au-dessus de la lampe.

On peut produire un effet analogue sur la flamme d'une chandelle ou d'une bougie, en plaçant transversalement au milieu d'elle une toile métallique : cette flamme paraît alors coupée par la toile métallique (fig. 88) au-dessus de laquelle s'élève une fumée noire. C'est que la toile, par sa conductibilité, prend une quantité de chaleur considérable aux gaz de la flamme, les laisse passer à travers ses mailles, mais les refroidit assez pour les empêcher d'être lumineux, en arrêtant la combustion et l'incandescence des parcelles de charbon. Cela est si vrai que si, à une petite distance de la toile, on approche la flamme d'une autre bougie et qu'on rende ainsi aux

gaz la chaleur qui leur manque, ils prennent feu et conti
nuent à brûler (fig. 89).

La même expérience peut être faite (fig. 90) sur la flamme du gaz d'éclairage.

Cette propriété des toiles métalliques est appliquée,

Fig. 89. — Action d'une toile métallique sur une flamme.

comme nous le verrons, dans la construction de la lampe de sûreté de Davy.

191. Constitution de la flamme. — Les flammes produites par la combustion d'un corps simple ou indé-composable sont simples elles-mêmes et homogènes, mais il n'en est pas de même de celles qui sont produites par les corps composés : leurs propriétés varient en leurs divers points avec la nature des substances qui s'y forment.

Prenons pour exemple la flamme d'une bougie. Nous y distinguerons trois parties différentes.

A l'intérieur et autour de la mèche, une partie sombre *m*

(fig. 91) où la température n'est pas élevée; autour de
cet espace, une région *i* lumineuse; cette région est elle-
même enveloppée par une couche *e* peu lumineuse et
bleuâtre vers sa base *b*.

Si l'on plonge dans la flamme un morceau de fil de fer,
il ne rougira pas dans le milieu *m*, se colorera faiblement
dans la partie lumineuse *i*, et rougira fortement dans la

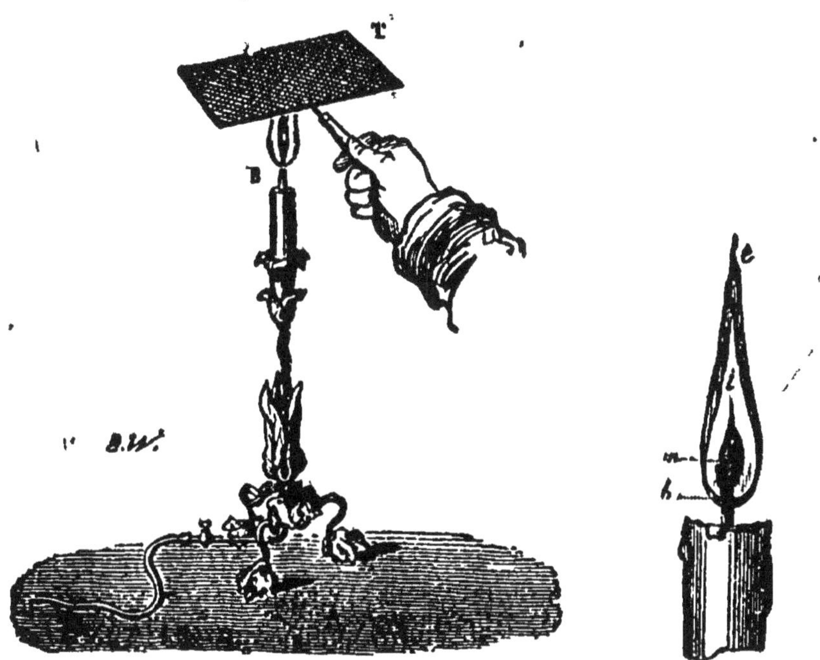

Fig. 90. — Action d'une toile métallique
sur une flamme.

Fig. 91. — Composition
de la flamme d'une bougie.

couche *e* : ce qui indique que la température va en crois-
sant du centre à la périphérie.

Ces différences s'expliquent aisément. La bougie est
formée par une substance composée de charbon, d'hydrogène et d'oxygène, au centre de laquelle se trouve
une mèche en coton tressé. Lorsque nous l'allumons, elle
brûle mal au début, parce que la mèche n'est pas encore
imbibée de matière combustible; mais bientôt la cire
fond, monte par capillarité dans la mèche et s'y décom-

pose en produits gazeux, qui constituent la partie obscure *m* de la flamme et n'y brûlent pas, faute d'oxygène. Ces gaz, qui sont composés en grande partie de carbures d'hydrogène, commencent à brûler dans la partie *i*; mais, comme ils n'y rencontrent pas encore assez d'oxygène pour la combustion du carbone, l'hydrogène seul y brûle; le carbone y est seulement porté à l'incandescence; c'est lui qui fournit à cette partie de la flamme l'éclat qu'elle présente. Dans l'enveloppe extérieure *e* le carbone brûle, se transforme en gaz carbonique, et c'est à cette transformation que sont dues la diminution d'éclat et l'augmentation de chaleur que l'on constate dans cette partie de la flamme.

192. **Lampe à huile et à double courant d'air.** — Les lampes à huile et à double courant d'air donnent des flammes dont la clarté est plus vive que celle des bougies.

Fig. 92. — Composition de la flamme d'une lampe.

Ces lampes présentent une mèche annulaire en coton tressé; cette mèche plonge dans un réservoir où arrive constamment de l'huile poussée par l'action d'un mécanisme qui varie avec la nature de la lampe. Si l'on enflamme cette mèche, l'huile qui la baigne se décompose, fournit des gaz qui, par leur combustion, produisent une flamme annulaire dont les surfaces interne et externe sont en contact avec l'air. La mèche est entourée d'un verre destiné à créer un courant d'air, qui active la combustion de l'huile.

La flamme d'une lampe à huile paraît avoir une constitution différente de celle d'une bougie, et cependant elle n'en diffère pas. Elle peut être considérée comme formée par la juxtaposition, suivant le cercle formé par la mèche, d'une série de flammes identiques à celles d'une bougie, de telle sorte que, si l'on suppose une coupe faite dans la flamme par un plan vertical passant suivant un diamètre de la mèche, on obtient la figure 92 qui présente aux deux extrémités de ce diamètre la forme d'une flamme analogue à celle de la bougie.

Le gaz d'éclairage donne des flammes d'une nature semblable. Si le jet de gaz s'échappe par une seule ouverture, on a une flamme dont la constitution est la même que celle d'une bougie. Si le gaz s'échappe par une réunion d'ouvertures disposées en cercle et que le bec soit muni d'un verre, la flamme peut être comparée à celle des lampes que nous venons d'étudier.

193. Du chalumeau. — On a souvent besoin, dans l'industrie, comme dans les laboratoires, d'augmenter la

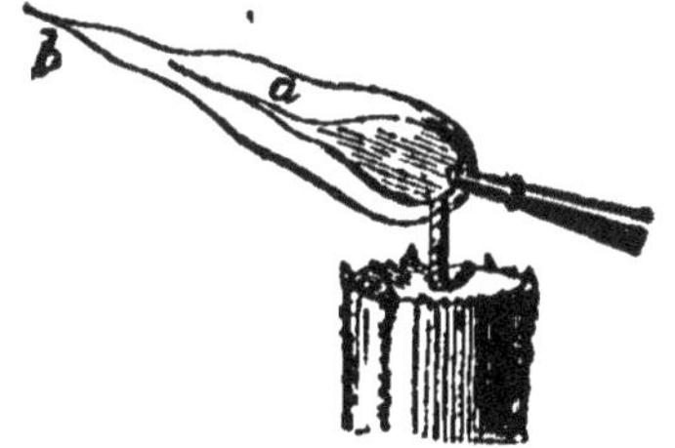

Fig. 94. — Action du chalumeau sur la flamme.

température des flammes. On y parvient en dirigeant un courant d'air sur la flamme, à l'aide d'un instrument appelé *chalumeau*.

Il se compose (fig. 93) d'un tube *tt* dont l'extrémité est placée dans la bouche, d'une partie renflée *c* qui arrête l'humidité que le courant d'air

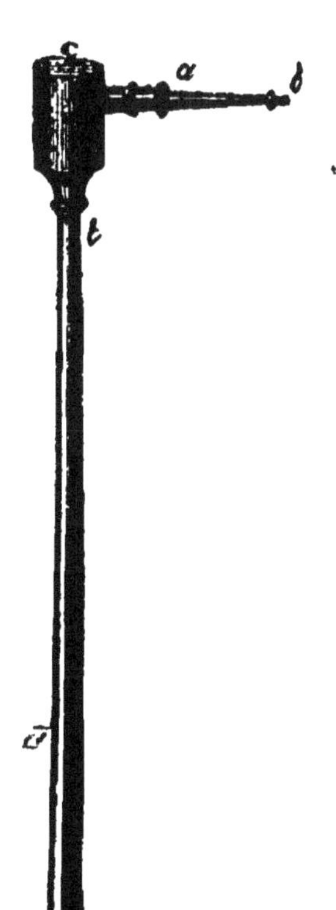

Fig. 93. — Chalumeau.

sortant de la bouche emporte avec lui, d'un ajutage *a* qu'on appelle le *porte-vent*, et d'un bout *b*, percé d'un trou dont le diamètre varie.

Les orfèvres, les émailleurs, les bijoutiers, les essayeurs de monnaie font usage du chalumeau toutes les fois qu'ils veulent fondre une petite quantité de métal et d'alliage, faire des soudures de peu d'étendue, etc.

Il faut un peu d'habitude pour obtenir, sans se fatiguer, un courant d'air continu. On doit gonfler les joues, respirer par les fosses nasales, et, par le mouvement régulier des muscles des joues, faire sortir d'une manière continue l'air renfermé dans la bouche.

Le chalumeau porte, au milieu de la flamme, une masse d'air qui en change l'aspect. Elle s'incline et prend la disposition que représente la figure 94. Elle offre, dans son centre, un jet bleu a; l'extrémité de ce jet est le point où se développe la plus haute température; la combustion y est complète. Cette zone se trouve entourée d'une partie brillante, dans laquelle l'oxygène fait défaut, et où les particules charbonneuses incandescentes ne brûlent pas. Enfin la zone externe est pâle; l'oxygène y est en excès, et la combustion, complète. Si l'on veut simplement faire fondre une substance, on la placera à l'extrémité de la pointe du cône bleu a. Si l'on veut réduire un oxyde, c'est-à-dire lui enlever son oxygène, on le placera dans la partie brillante, où il rencontrera de nombreuses parcelles de charbon avides d'oxygène. Enfin, si l'on veut produire une oxydation, on placera la substance à oxyder à l'extrémité de la flamme où il y a excès d'oxygène.

194. Chalumeau à gaz oxygène et hydrogène. — Le chalumeau que nous venons de décrire ne suffirait pas pour opérer la fusion des substances très difficiles à

Fig. 95. — Chalumeau à gaz oxygène et hydrogène.

fondre et qu'on appelle *réfractaires*. On se sert, pour les fondre, d'un chalumeau dans lequel la combustion de l'hydrogène ou du gaz d'éclairage est activée par un courant d'oxygène (*chalumeau oxhydrique*).

Le tube central (fig. 95) *t't* communique par le robinet *o* avec un réservoir d'oxygène comprimé ; il est enveloppé par un autre tube *abcd*, qui communique par sa partie latérale avec un réservoir d'hydrogène comprimé, ou avec les conduites du gaz d'éclairage ; par suite de cette

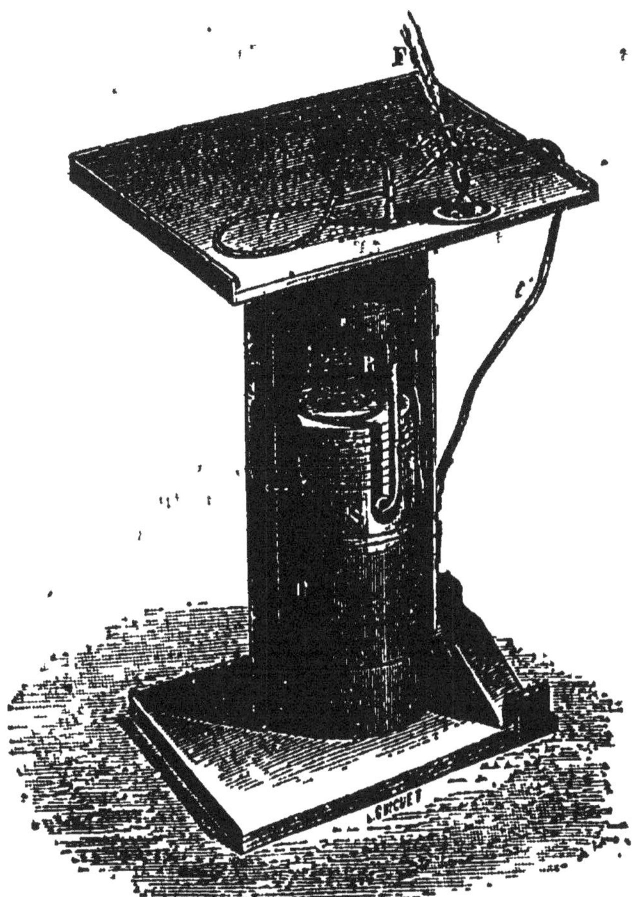

Fig. 96. — Lampe d'émailleur : S, soufflet ; *tt''*, tube par lequel arrive l'air dans le chalumeau ; *t'*, tube par lequel arrive le gaz d'éclairage.

disposition ce dernier gaz se répand dans l'espace annulaire compris entre le tube central et le tube extérieur *abcd*. Le mélange des deux gaz ne se fait qu'à l'extrémité du chalumeau ; il n'y a pas de possibilité d'explosion. Lorsqu'on emploie le gaz d'éclairage, la température obtenue est un peu moins élevée qu'avec l'hydrogène.

On se sert d'un chalumeau analogue pour ramollir et souffler le verre. La figure 96 représente ce chalumeau installé sur une table au-dessous de laquelle se trouve un soufflet S, qui est commandé par une pédale P, mise en mouvement par le pied du souffleur. Le courant d'air lancé par le soufflet s'échappe par le tube t et arrive par le tube t'' dans la flamme que produit le gaz d'éclairage amené par le tube t'. Quand on n'a pas à sa disposition de gaz d'éclairage, on fait arriver le jet d'air dans la flamme d'une lampe à huile, à alcool, ou à essence de pétrole.

L'ensemble de l'appareil est appelé *lampe d'émailleur.*

195. *Expériences simples.* — *Azote.* Préparer de l'azote, et montrer que ce gaz n'entretient pas la combustion.

L'azote ne trouble pas l'eau de chaux, ce qui le distingue du gaz carbonique; on le montre facilement dans la préparation par le cuivre, en faisant arriver le gaz dans un verre contenant de l'eau de chaux. On peut encore introduire un tube recourbé sous la cloche (fig. 75) après que l'atmosphère s'est éclaircie; on raccorde la partie extérieure de ce tube avec un autre plongeant dans l'eau de chaux; en exerçant une pesée régulière sur la cloche, on détermine un courant de gaz qui vient barboter dans l'eau de chaux.

Air. Poser une cloche ou un grand verre sur une bougie allumée; on constatera d'abord la diminution d'éclat de la flamme, puis son extinction complète. Sur ce fait, on peut baser un procédé d'analyse de l'air : on fixe dans un récipient à large ouverture une bougie de 5 à 6 centimètres de longueur; on y verse de l'eau, ou mieux de l'eau de chaux. La bougie étant allumée, on la recouvre d'une cloche ou d'un grand verre : la bougie ne tarde pas à s'éteindre, et l'on constate qu'après refroidissement de la cloche l'eau a monté d'environ $\frac{1}{5}$.

Souffler, au moyen d'un tube, dans de l'eau de chaux : cette eau se trouble, par suite de la formation de carbonate de calcium.

Mettre de l'eau de chaux dans une assiette, et faire constater, quelques heures après, la formation d'une croûte mince de carbonate de calcium.

Mettre en évidence la présence de la vapeur d'eau dans l'air, par le dépôt d'une buée sur les corps froids; par exemple, sur une carafe pleine d'eau fraîche, apportée dans une salle chaude.

Dans un appartement, on constatera facilement la présence des corpuscules dans l'air, en observant le trajet d'un rayon solaire passant par une petite ouverture.

Flamme. Exécuter les expériences indiquées dans l'étude de la flamme.

Faire constater la différence d'éclat des flammes d'hydrogène pur et d'hydrogène mélangé de vapeur de benzine, ou simplement secouer au-dessus d'une lampe à alcool le chiffon qui sert à essuyer le tableau noir.

Montrer que la température de la flamme d'une lampe à alcool est suffisante pour ramollir le verre, couder et effiler les tubes.

Employer le chalumeau et la lampe à alcool pour fondre la pointe d'un tube de verre effilé. A défaut de chalumeau, se servir d'un tube de verre effilé, ou d'un tuyau de pipe.

CHAPITRE XVII

Ammoniaque. — Sels ammoniacaux.

AMMONIAQUE

Formule : AzH^3. — Poids moléculaire $= 17$.

196. État naturel et circonstances de production de l'ammoniaque. — L'ammoniaque est un gaz composé d'azote et d'hydrogène, qui existe à l'état libre, mais surtout en combinaison avec les acides qui se pioduisent naturellement, comme les acides carbonique, sulfhydrique et azotique.

L'ammoniaque prend naissance dans un grand nombre de circonstances où la décomposition des matières organiques met en présence de l'azote et de l'hydrogène. Ainsi la fermentation de l'urine est une des principales sources de production de ce corps.

L'ammoniaque existe aussi dans les fosses d'aisances, dans les eaux d'égout putréfiées. Ce gaz se forme encore lorsqu'on distille la houille dans la fabrication du gaz d'éclairage, et on le retrouve dans les eaux d'épuration.

197. Préparation de l'ammoniaque. — On prépare le gaz ammoniac en introduisant dans un ballon B (fig. 97) un mélange formé de parties égales de chaux vive (oxyde de calcium) et de chlorure d'ammonium en poudre (sel ammoniac). Le ballon communique avec une éprouvette à pied D, contenant de la chaux destinée à dessécher le gaz; le bouchon qui ferme la partie supérieure de l'éprouvette est traversé par un tube abducteur qui se rend dans la cuve à mercure C, l'ammoniaque ne pouvant être recueillie sur l'eau à cause de sa grande solubilité. On chauffe le ballon, et le gaz se dégage.

L'équation suivante rend compte de la réaction :

$$2(AzH^4Cl) + CaO = 2AzH^3 + H^2O + CaCl^2$$

Chlorure d'ammonium.   Chaux.   Gaz ammoniac.   Eau.   Chlorure de calcium.

Quand on n'a pas de cuve à mercure, on peut employer la disposition expliquée au n° 19; ou bien on fait arriver

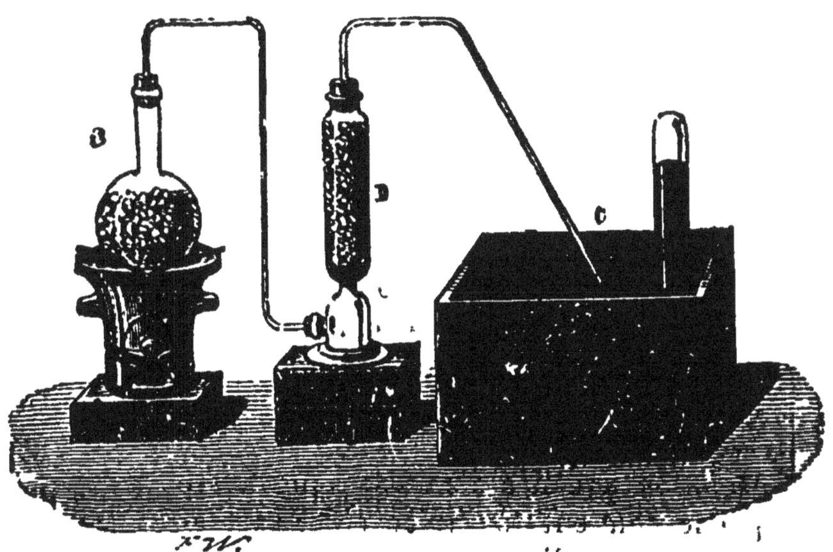

Fig. 97. — Préparation de l'ammoniaque par la chaux et le chlorure d'ammonium.

le tube à dégagement à la partie supérieure d'une éprouvette pleine d'air, tenue l'ouverture en bas.

Dans la préparation du gaz ammoniac, on peut supprimer l'éprouvette D en remplissant la partie supérieure du ballon avec de la chaux en morceaux, qui dessèche le gaz produit.

Quand on veut avoir l'ammoniaque en dissolution, et c'est ordinairement sous cette forme qu'elle s'emploie dans les laboratoires et dans l'industrie, on réunit le ballon à une série de flacons constituant un appareil de Woolf (fig. 20).

Dans l'industrie, on prépare cette dissolution en chauffant ...ec de la chaux, dans des chaudières en fonte, les eaux ammoniacales qui proviennent de la fabrication du gaz d'éclairage, ou les *eaux vannes* résultant de la fermentation des urines, ou encore les eaux qui proviennent de la distillation des os, dans la fabrication du noir animal.

L'ammoniaque gazeuse qui résulte de ce traitement est dirigée dans une série de bonbonnes réunies entre elles par des tubes et formant un véritable appareil de Woolf.

198. Propriétés physiques. — L'ammoniaque est un corps gazeux formé d'azote et d'hydrogène. Il est incolore, a une saveur âcre et caustique, une odeur vive et pénétrante qui provoque le larmoiement. Sa densité est 0,597.

Le gaz ammoniac a été liquéfié et solidifié. Il est très soluble dans l'eau, qui en absorbe 1 000 fois son propre volume à 0°. La solubilité de l'ammoniaque peut être mise en évidence par les mêmes expériences que celles que nous avons indiquées pour montrer la solubilité de l'acide chlorhydrique (101).

La solution aqueuse d'ammoniaque laisse dégager le gaz qu'elle contient, lorsqu'on élève sa température. A 138 degrés, une dissolution primitivement saturée de gaz ammoniac n'en contient plus que des traces insignifiantes.

M. Carré a utilisé, pour la fabrication artificielle de la glace, cette propriété de la solution ammoniacale, ainsi que celle qu'a le gaz liquéfié de se volatiliser facilement en absorbant des quantités considérables de chaleur.

199. Propriétés chimiques. — Une bougie allumée plongée dans le gaz ammoniac s'y éteint sans l'enflammer; il n'entretient pas la respiration. Comme les bases et alcalis, il verdit le sirop de violettes, et ramène au bleu le tournesol rougi; ses propriétés basiques lui ont fait donner le nom d'*alcali volatil*.

La chaleur rouge le décompose en azote et en hydrogène. Une série d'étincelles électriques produit le même effet :

$$2AzH^3 \quad = \quad Az^2 \quad + \quad 3H^2$$

Gaz ammoniac.   Azote.   Hydrogène.

Il est combustible en présence de l'oxygène ; un mélange à parties égales d'oxygène et de gaz ammoniac s'enflamme avec détonation au contact d'une bougie allumée : il se produit de l'azotate d'ammonium :

$$2AzH^3 \quad + \quad 2O^2 \quad = \quad AzO^3AzH^4 \quad + \quad H^2O$$

Gaz ammoniac.   Oxygène.   Azotate   Eau.
                        d'ammonium.

L'étincelle électrique détermine la même réaction.

En faisant passer un mélange de gaz ammoniac et d'oxygène sur de la mousse de platine, il se produit de l'acide azotique :

$$AzH^3 \quad + \quad 2O^2 \quad = \quad AzO^3H \quad + \quad H^2O$$

Gaz   Oxygène.   Acide   Eau.
ammoniac.   azotique.

Cette transformation de l'ammoniaque en acide azotique n'est autre qu'une oxydation ; une semblable réaction s'effectue constamment dans la nature, et rentre dans la catégorie des phénomènes qu'on désigne sous le nom de *nitrification* (220).

200. **Usages et applications de l'ammoniaque.** — L'ammoniaque sert à chaque instant comme réactif dans les laboratoires. Elle est souvent employée aussi dans l'industrie. On l'utilise pour dissoudre le carmin, faire virer certains bains de teinture, modifier des teintes, telles que les cramoisis sur soie, les violets au campêche sur laine ; pour dégraisser les étoffes, pour revivifier sur les tissus les couleurs rongées par les acides.

La solution ammoniacale appliquée sur la peau y détermine des ampoules et une cautérisation. Aussi les médecins l'emploient-ils soit pour remplacer les vésicatoires, soit pour cautériser les blessures faites par les animaux venimeux : vipères, guêpes, abeilles, etc.

Respirée, elle peut ranimer les personnes tombées en syncope; cinq à six gouttes dans un verre d'eau suffisent pour faire cesser les effets de l'ivresse.

Elle sert encore à dissiper les météorisations qui se manifestent chez les bestiaux, lorsqu'ils ont mangé trop de trèfle frais. La météorisation consiste dans un gonflement ayant pour cause la production, à l'intérieur des organes digestifs, d'une quantité anormale de gaz acides. Dès qu'on fait prendre à l'animal un peu d'ammoniaque, ce corps se combine avec les gaz acides, les absorbe et fait cesser la météorisation. 30 grammes environ dans un litre d'eau suffisent pour guérir un bœuf.

NOTIONS SUR LES ENGRAIS CHIMIQUES. — FIXATION DE L'AZOTE PAR LES VÉGÉTAUX.

201. Éléments que renferme une plante. — En brûlant à l'air, les plantes donnent naissance à un certain nombre de produits gazeux présentant quatre éléments constants : le *carbone*, l'*oxygène*, l'*hydrogène* et l'*azote*. Le résidu de la calcination constitue les *cendres*, et forme environ 8 0/0 du poids total.

En analysant les cendres, on trouve qu'elles contiennent les éléments minéraux suivants : *phosphore; potassium, calcium, soufre, silicium, fer, chlore, magnésium, manganèse, sodium.*

Or ces 14 éléments, qui entrent dans la constitution de chaque plante et sont par suite nécessaires à son développement, ne peuvent être puisés par elle qu'à deux sources : l'atmosphère et le sol.

L'atmosphère fournit le carbone en quantités illimitées sous la forme de gaz carbonique; les feuilles assimilent ce carbone grâce à la *fonction chlorophyllienne*.

L'hydrogène et l'oxygène, qui constituent les éléments de l'eau, sont aussi fournis abondamment à la plante par l'humidité qui pénètre le sol, humidité que les radicelles se chargent d'absorber en même temps que les divers éléments minéraux que nous avons cités.

Le sol offre à la plante, en quantité suffisante, le soufre, le silicium, le fer, le chlore, le magnésium, le manganèse et le sodium.

Quant aux quatre autres corps : azote, phosphore, calcium, potassium, ils n'existent pas d'une façon constante dans le sol, et par suite le cultivateur est tenu de les fournir sous la forme d'*engrais*. « L'engrais est la matière utile à la plante, et qui manque au sol. » (Chevreul.)

202. **Nécessité des engrais.** — On comprend déjà par ce qui précède la nécessité des engrais; on saisira encore mieux cette nécessité en examinant le tableau suivant qui indique le rapport pour 1000 des principales matières minérales contenues dans les récoltes indiquées[1]

SUBSTANCES	Azote	Potasse	Soude	Chaux	Acide phosphorique	Silice	OBSERVATIONS
Foin des prés....	13,1	17,1	4,7	7,7	4,1	19,7	Le foin est riche en azote.
Pomme de terre..	3,2	5,6	0,1	0,2	1,8	0,2	La pomme de terre est riche en potasse.
Betterave (fourrage).	1,8	4,3	1,2	0,4	0,8	0,2	
Blé (paille)........	3,2	4,9	1,2	2,6	2,3	28,2	La paille de blé est riche en silice.
Blé (semences)....	20,8	5,5	0,6	0,6	8,2	0,3	Le grain de blé est très riche en azote et en acide phosphorique.

On voit, par ce tableau, que, si un sol contient d'abord tous les éléments nécessaires à la végétation, chaque récolte successive enlève une portion de ces éléments, et le sol finit par s'appauvrir si on ne les lui restitue.

203. **Nature des engrais.** — Les engrais employés

1. Ce tableau est emprunté au *Cours d'Agriculture et d'Horticulture* de MM. Montoux et Lambert (Bibliothèque des Écoles primaires supérieures. Librairie Delagrave).

sont de plusieurs sortes, d'origine végétale ou animale[1]; le fumier tient à la fois de ces deux origines.

Mais les divers engrais ainsi définis, et en particulier le fumier seul, sont absolument insuffisants pour assurer la restitution complète des éléments fertilisants nécessaires. Aussi a-t-on dû recourir à des engrais d'origine minérale, appelés *engrais chimiques*.

204. Emploi et classification des engrais chimiques. — L'emploi des engrais chimiques a pour but de parer à l'insuffisance des engrais ordinaires en apportant au sol de l'azote, du potassium, du phosphore et du calcium; c'est généralement sous la forme de sels qu'on fournit ces éléments, et, comme chacun de ceux-ci peut être fourni séparément, les engrais chimiques offrent cet avantage considérable d'apporter immédiatement et exclusivement au sol l'*élément dominant* exigé par chaque culture spéciale.

Les engrais chimiques peuvent être classés ainsi :

> *Engrais ammoniacaux* ou *azotés*,
> *Engrais phosphatés*,
> *Engrais potassiques*,
> *Engrais calcaires*.

205. Fixation de l'azote par les végétaux. — L'azote nécessaire aux plantes leur est fourni soit par l'air atmosphérique, soit par les engrais azotés qu'on incorpore au sol et qui, après avoir subi les transformations convenables, sont absorbés par les racines; nous reviendrons plus loin sur ce dernier point (220).

Des expériences poursuivies pendant plusieurs années ont prouvé que les prairies auxquelles on ne fournissait aucun engrais azoté s'enrichissent néanmoins en azote, quoique chaque année les récoltes en enlèvent une quantité considérable.

En 1884, M. Berthelot conclut de ses travaux et des expériences antérieures que des organismes microsco-

---

1. Voir le *Cours d'Agriculture.*

piques devaient fixer directement l'azote atmosphérique.
Peu de temps après, deux savants allemands, en étudiant,
sur les racines légumineuses (trèfle, luzerne, lupin, pois,
haricot), des nodosités, souvent visibles à l'œil nu, mon-
trèrent qu'elles contenaient les organismes ou *bactéries*
qui sont les agents de fixation de l'azote : ces bactéries
empruntent à la plante les hydrates de carbone (sucre,
amidon, etc.) dont elles ont besoin, et lui restituent une
matière azotée directement assimilable.

L'expérience suivante, faite au Muséum, prouve nettement l'intervention de ces bactéries : on inocula sur une
racine de lupin des germes pris dans une nodosité de
luzerne ; la plante de lupin se développa vigoureusement,
tandis qu'une seconde plante non inoculée et servant de
témoin, resta chétive.

Nous citerons encore l'expérience de MM. Schlœsing
et Laurent pour démontrer que c'est bien à l'atmosphère
ambiante que les bactéries empruntent l'azote : ils culti-
vèrent des pois inoculés de bactéries dans une atmosphère
limitée et de volume connu ; l'azote disparut peu à peu, et
précisément de la quantité absorbée par la plante.

En résumé, les légumineuses fixent directement l'azote
atmosphérique ; elles enrichissent le sol en azote, ce qui
justifie le nom de *plantes améliorantes* qu'on leur a donné
depuis très longtemps.

Quelques plantes inférieures, parmi les algues et les
mousses, sont aussi capables de fixer l'azote atmosphérique, et d'en enrichir le sol sur lequel elles végètent ;
c'est ce qui se produit dans les prairies naturelles,
malgré les déperditions incessantes par les récoltes et le
pâturage.

SELS AMMONIACAUX

206. Composition des sels ammoniacaux. — L'ammoniaque se combine avec les acides, et forme des sels
appelés *sels ammoniacaux*.

Ces composés ne répondent pas à la définition générale des sels, que nous avons donnée (165). Ils semblent se former, non par substitution à l'hydrogène d'un acide, mais par simple addition; ainsi, avec les acides chlorhydrique et sulfurique, on obtient les composés :

$$HCl.AzH^3 \qquad \text{et} \qquad SO^4H^2.(AzH^3)^2$$
Chlorhydrate ... Sulfate
d'ammoniaque. ... d'ammoniaque.

Cependant, ces composés jouissent des propriétés générales des sels; aussi a-t-on proposé d'admettre l'existence d'un groupement AzH^4, nommé *ammonium*, qui jouerait le rôle d'un métal mono-valent.

Les sels formés par l'ammoniaque avec les deux acides précédents se représentent alors par les formules :

$$AzH^4Cl \qquad \text{et} \qquad SO^4(AzH^4)^2$$
Chlorure ... Sulfate
d'ammonium. ... d'ammonium.

Ces composés sont ainsi représentés comme les chlorures et les sulfates de potassium ou de sodium; les sels de potassium et d'ammonium offrent d'ailleurs les plus grandes analogies.

On ne peut obtenir l'ammonium à l'état libre, mais on peut le préparer à l'état d'*amalgame* (c'est-à-dire combiné avec le mercure), en versant une dissolution de chlorhydrate d'ammoniaque ou chlorure d'ammonium sur un amalgame de potassium. Il y a double échange entre ces composés : il se forme du chlorure de potassium et un amalgame d'ammonium. Celui-ci a la consistance du beurre; il ne tarde pas à se décomposer, en laissant dégager du gaz ammoniac et de l'hydrogène, qui sont les éléments de l'ammonium.

Les principaux sels ammoniacaux sont :

Le sulfure d'ammonium ou sulfhydrate d'ammoniaque : $(AzH^4)^2S$.

Le chlorure	—	chlorhydrate	—	AzH^4Cl.
L'azotate	—	azotate	—	$AzO^3(AzH^4)$.
Le sulfate	—	sulfate	—	$SO^4(AzH^4)^2$.
Les carbonates	—	carbonates	—	

207. Préparation et propriétés des sels ammoniacaux. — Tous les sels ammoniacaux, préparés dans l'industrie, s'obtiennent d'une façon analogue : on chauffe avec de la chaux les eaux vannes ou les eaux d'épuration du gaz d'éclairage, et l'on fait arriver l'ammoniaque qui se dégage, dans des réservoirs contenant de l'eau acidulée avec l'acide correspondant au sel qu'on veut obtenir.

Tous les sels ammoniacaux se décomposent, même à froid, en présence de la chaux : il se forme un sel de calcium, et l'ammoniaque se dégage à l'état gazeux. C'est d'ailleurs pour cette raison que, afin de dégager l'ammoniaque des eaux vannes, on y mélange de la chaux; l'ammoniaque existe, dans ces eaux, surtout à l'état de carbonate d'ammonium.

Les sels ammoniacaux, en se déshydratant, donnent lieu à des composés particuliers, appelés *amides* :

$$C^2H^3O^2.AzH^4 \quad - \quad H^2O \quad = \quad Az \begin{cases} C^2H^3O \\ H^2 \end{cases}$$

Acétate d'ammonium.   Eau.   Acétamide.

$$C^2O^4(AzH^4)^2 \quad - \quad 2H^2O \quad = \quad Az^2 \begin{cases} C^2O^2 \\ H^4 \end{cases}$$

Oxalate d'ammonium   Eau.   Oxamide.

$$CO^3(AzH^4)^2 \quad - \quad 2H^2O \quad = \quad Az^2 \begin{cases} CO \\ H^4 \end{cases} ou \quad CO \begin{cases} AzH^2 \\ AzH^2 \end{cases}$$

Carbonate d'ammonium.   Eau.   Carbamide ou urée.

208. Sulfure d'ammonium : $(AzH^4)^2S$. — C'est un composé très volatil et vénéneux; il se dégage des fosses d'aisances où il constitue ce que les ouvriers appellent *le plomb*. Sa dissolution est très employée comme réactif dans les laboratoires.

209. Chlorure d'ammonium : AzH^4Cl. — Ce corps, appelé aussi *sel ammoniac*, est un sel blanc, soluble dans l'eau, et qui se volatilise au-dessous du rouge sans fondre. Les oxydes métalliques le décomposent, sous l'influence de la chaleur, en donnant un chlorure volatil; c'est pour cela qu'on l'emploie pour nettoyer la surface des instruments (*fers*) qui servent à souder, et pour décaper les métaux, particulièrement dans l'étamage et le zingage.

On emploie aussi le chlorure d'ammonium en dissolution pour le montage des piles Leclanché.

210. Carbonates d'ammonium. — Il existe trois carbonates d'ammonium :

Le carbonate neutre :	$CO^3(AzH^4)^2,$
Le bicarbonate :	$CO^3(AzH^4)H,$
Le sesquicarbonate :	$(CO^3)^3(AzH^4)^4H^2,$

qui peut être considéré comme formé par le mélange d'une partie de carbonate neutre avec deux parties de bicarbonate :

$$CO^3(AzH^4)^2 \quad + \quad 2[CO^3(AzH^4)H].$$

Nous ne nous occuperons que du sesquicarbonate qui est le plus important, et nous le désignerons sous le nom de carbonate d'ammonium. C'est un sel blanc, doué d'une saveur caustique ; il répand une odeur d'ammoniaque : c'est d'ailleurs le seul des sels ammoniacaux qui, à l'état pur, sente l'ammoniaque. Il est *volatil* et *soluble dans l'eau.*

Sa volatilité le fait employer pour rendre la pâtisserie plus légère : mélangé à la pâte, il disparaît, sous l'influence de la chaleur du four, à l'état de gaz, en boursouflant la pâte. On l'appelle souvent : *sel volatil d'Angleterre.*

Mais c'est surtout au point de vue agricole, que le carbonate d'ammonium joue un rôle important. L'urine renferme un principe azoté : l'urée, qui, par la fermentation, a la propriété de se transformer en carbonate d'ammonium. Cette transformation s'effectue d'une façon constante dans les fumiers, et, comme le carbonate d'ammonium, à cause de l'azote qu'il renferme, constitue le principe du fumier qui a le plus de valeur, il est nécessaire de donner à cet engrais des soins pour éviter la déperdition du carbonate d'ammonium.

Celui-ci étant volatil, on conçoit que toute élévation de la température du fumier a pour effet d'augmenter la

déperdition du carbonate ; c'est pourquoi on doit mettre
le tas de fumier à l'abri des rayons du soleil, et l'arroser
fréquemment de purin.

D'autre part, le carbonate d'ammonium étant soluble,
une grande partie de ce sel se retrouve dans le purin avec
d'autres principes fertilisants. Laisser, comme cela se
voit trop souvent, s'écouler ce liquide, c'est perdre une
grande partie de la valeur fertilisante du fumier.

Remarquons aussi que, comme la chaux a la propriété
de chasser l'ammoniaque des sels ammoniacaux, on ne
doit pas mélanger de chaux au fumier, sous peine de
perdre l'ammoniaque.

211. Sulfate d'ammonium : $SO^4(AzH^4)^2$. — C'est un
sel blanc, soluble dans l'eau; on l'emploie dans la fabrication de l'alun ammoniacal. Le sulfate d'ammonium et
le *nitrate de soude* ou *azotate de sodium* constituent les
deux engrais chimiques azotés les plus employés.

Le sulfate d'ammonium contient jusqu'à 20 0/0 d'azote
libre ; il est soluble dans le double de son poids d'eau
froide; vu sa faible solubilité, cet engrais doit être
épandu avant l'hiver, après avoir été mélangé à de la
terre desséchée. Il faut éviter de le mélanger à la chaux,
qui amènerait sa décomposition en gaz ammoniac
volatil.

Incorporé au sol, le sulfate d'ammonium rencontre des
composés calcaires, particulièrement du carbonate de
calcium; il s'effectue alors un double échange d'acides, et
il se forme du carbonate d'ammonium, que l'argile et
l'humus ont la propriété de retenir; ce sel reste donc à
la surface du sol, au lieu d'être entraîné par les pluies ;
d'où l'emploi du sulfate d'ammonium pour les plantes à
racines peu profondes, comme les céréales. L'azote, sous
la forme de carbonate d'ammonium, subit généralement
le phénomène de la nitrification (220), et est alors absorbé
par les plantes.

212. *Expériences simples.* — Pour préparer de l'ammoniaque,
monter l'appareil à préparation comme l'indique la figure 21. Pour

montrer la grande solubilité de l'ammoniaque, prendre le flacon A plein de gaz; pincer le raccord de caoutchouc qui termine l'un des tubes et, tenant le flacon renversé, plonger l'autre tube dans une terrine pleine d'eau rougie avec de la teinture de tournesol acidulée. L'eau ne tarde pas à monter vivement dans le flacon par suite de la dissolution du gaz, en même temps que sa coloration passe du rouge au bleu, ce qui montre que l'ammoniaque est une base.

Montrer que le gaz ammoniac n'est ni comburant ni combustible, en introduisant une bougie dans un flacon rempli de ce gaz. Cependant on peut le faire brûler en présence de l'oxygène ou du chlore en introduisant l'extrémité du tube à dégagement du ballon B (fig. 97) dans un autre ballon producteur d'oxygène ou de chlore (avec ce dernier, l'expérience devra être faite au dehors de la classe).

Verser de l'ammoniaque dans une dissolution de sulfate de cuivre : il se forme un précipité bleu d'hydrate de cuivre : $Cu(OH)^2$, qui se redissout en présence d'un excès d'ammoniaque; la liqueur prend une belle couleur bleue, et constitue ce qu'on appelle l'*eau céleste* ou *réactif de Schweitzer*, capable de dissoudre le coton.

Rapprocher deux flacons d'ammoniaque et d'acide chlorhydrique : il se forme des fumées blanchâtres de chlorure d'ammonium.

Montrer quelques sels ammoniacaux et faire constater, à l'odeur, que, même à froid, la chaux en chasse l'ammoniaque.

Chauffer dans un ballon une pincée de carbonate d'ammonium, et faire constater que le sel disparaît peu à peu : il est donc volatil. En faire aussi constater la solubilité.

Mettre dans un ballon du purin, avec quelques fragments de chaux ; chauffer légèrement et recueillir, sur l'eau, le gaz dégagé : constater qu'on obtient une dissolution ammoniacale faible.

Engrais chimiques. — (Ce que nous disons ici s'applique aussi aux engrais chimiques qui seront étudiés plus tard.)

Montrer des échantillons des engrais chimiques étudiés.

L'effet de ces engrais, qui seront étudiés à un point de vue plus spécial dans le *Cours d'Agriculture*, sera rendu sensible soit par des cultures en pots, soit dans le *champ d'expériences*, soit encore dans le *jardin scolaire*.

On fera comprendre, sur une facture délivrée par un marchand d'engrais, les différentes indications qui doivent y figurer.

CHAPITRE XVIII

Acide azotique. — Azotates. Nitrification.

213. Composés oxygénés de l'azote. — L'azote forme avec l'oxygène six composés :

L'oxyde azoteux : Az^2O qui engendre l'acide hypoazoteux : $AzOH$
L'oxyde azotique : AzO ;
L'anhydride azoteux : Az^2O^3 qui engendre l'acide azoteux : AzO^2H ;
Le peroxyde d'azote : AzO^2 ;
L'anhydride azotique : Az^2O^4 qui engendre l'acide azotique : AzO^3H
L'anhydride perazotique : AzO^3.

Doublons les formules de trois de ces composés, afin d'avoir pour tous une quantité constante d'azote ; les six formules deviennent :

$$Az^2O, \quad Az^2O^2, \quad Az^2O^3, \quad Az^2O^4, \quad Az^2O^5, \quad Az^2O^6.$$

Les composés oxygénés de l'azote nous ont déjà servi d'exemples (41) pour la vérification de la loi des proportions multiples.

Ces six corps sont endothermiques ; ils tendent par suite à se décomposer avec dégagement de chaleur ; quelques-uns sont les agents de transformation du gaz sulfureux en acide sulfurique, comme nous l'avons indiqué sommairement (156).

Trois de ces composés peuvent donner des acides dont les plus importants sont : l'acide azoteux, qui engendre les *azotites* ou *nitrites*, mais surtout l'acide azotique que nous allons étudier.

ACIDE AZOTIQUE

Formule : AzO^3H. — Poids moléculaire $= 63$.

214. Préparation dans les laboratoires. — Il existe dans le sol un très grand nombre d'azotates, produits surtout par le phénomène de la nitrification (220); c'est, ordinairement, des azotates de potassium ou de sodium qu'on extrait l'acide azotique.

On soumet pour cela l'azotate de potassium, *azotate de potasse*, ou *salpêtre*, par exemple, à l'action de l'acide sulfurique, aidée par une élévation de température. L'acide sulfurique décompose l'azotate de potassium, forme du sulfate acide de potassium, et chasse l'acide azotique qui distille. L'équation suivante rend compte de la réaction :

$$AzO^3K \quad + \quad SO^4H^2 \quad = \quad SO^4KH \quad + \quad AzO^3H$$

<table>
<tr><td>Azotate
de potassium.</td><td>Acide
sulfurique.</td><td>Sulfate
acide
de potassium.</td><td>Acide,
azotique.</td></tr>
</table>

Dans les laboratoires, l'opération se fait dans une cornue en verre (fig. 98) mise en communication avec un ballon tubulé plongeant dans l'eau : l'acide azotique, produit dans la cornue par l'action de l'acide sulfurique sur l'azotate de potassium, se vaporise et va se condenser dans le ballon.

Au commencement et à la fin de l'opération, une certaine quantité d'acide azotique est perdue, parce qu'elle se transforme en un gaz rougeâtre appelé peroxyde d'azote. Au commencement de l'opération, la production du gaz rougeâtre est due à la présence de l'acide sulfurique, qui, n'étant pas encore employé tout entier à décomposer l'azotate de potassium, porte son action sur les vapeurs hydratées d'acide azotique, leur enlève l'eau nécessaire à leur existence, et par suite les décompose en peroxyde d'azote et en oxygène. Plus tard, l'acide sulfurique, se portant tout entier sur l'azotate, laisse dégager l'acide azotique sans le décomposer. Les vapeurs rouges disparaissent; mais elles reparaissent à la fin de l'opération, parce que, pour décomposer les dernières parties d'azote de potassium, il faut élever la température de manière à maintenir en fusion le bisulfate formé, et qu'alors l'acide azotique se décompose.

Nous étudierons la préparation industrielle de l'acide azotique en troisième année.

215. Propriétés physiques. — L'*acide azotique*, ou *acide nitrique*, préparé par les méthodes que nous venons

Fig. 98. — Préparation de l'acide azotique.

de décrire, est *monohydraté*; il renferme 40 0/0 d'eau.

Sa formule est AzO^3H ou, en doublant chacun des éléments, Az^2O^5,H^2O. L'acide azotique pur se présente sous la forme d'un liquide incolore, d'une odeur désagréable, répandant des fumées blanches au contact de l'air. Il est très corrosif et par suite constitue un *poison violent*. Il colore en jaune les matières animales comme la plume, la laine, la soie. Sa densité est 1,52; il bout à 86 degrés.

L'acide azotique peut être *quadrihydraté*, $Az^2O^5,4H^2O$. Il bout alors à 123 degrés et a pour densité 1,42; il renferme 40 0/0 d'eau. Cet acide est l'acide du commerce ou *eau-forte*.

216. Propriétés chimiques. — C'est un acide très énergique, mais la chaleur et la lumière le décomposent facilement. Formé d'éléments unis par une affinité assez faible, l'acide azotique cède facilement son oxygène aux substances avec lesquelles on le met en contact. Aussi est-ce un oxydant énergique, en présence de la plupart des métalloïdes, des métaux et de certaines matières organiques.

1° *Action sur les métalloïdes*. L'acide azotique oxyde les métalloïdes, d'autant plus énergiquement qu'il est plus concentré, à l'exception de l'oxygène, du fluor, du chlore, du brome et de l'azote. Si l'on verse quelques gouttes d'acide azotique *concentré* sur du noir de fumée calciné, celui-ci devient incandescent, et il se dégage du gaz carbonique et des vapeurs rutilantes dues au peroxyde d'azote.

Le phosphore chauffé avec de l'acide azotique se transforme en *acide orthophosphorique*; nous utiliserons cette réaction (235) pour la préparation de cet acide.

2° *Action sur les métaux*. Avec l'hydrogène, qu'on doit regarder comme un métal gazeux, l'acide azotique donne de l'eau et de l'azote, sous l'influence de la chaleur :

$$AzO^3H \quad + \quad 5H \quad = \quad Az \quad + \quad 3H^2O$$

Acide azotique.   Hydrogène.   Azote.   Eau.

Il suffit, pour le montrer, de faire passer dans un tube chauffé au rouge un mélange d'hydrogène et de vapeurs d'acide azotique.

A l'état naissant et à la température ordinaire, l'hydrogène transforme l'acide azotique en ammoniaque et en eau :

$$AzO^3H \quad + \quad 8H \quad = \quad AzH^3 \quad + \quad 3H^2O$$

Acide azotique.   Hydrogène.   Ammoniaque.   Eau.

A l'inverse de ce qui se passe pour les métalloïdes, l'acide azotique attaque les métaux d'autant plus facilement qu'il est moins concentré; cela résulte de ce que les azotates formés sont peu solubles dans l'acide concentré, et constituent une couche protectrice à la surface du métal.

L'attaque de la plupart des métaux se fait avec dégagement d'oxyde azotique AzO, gaz incolore; mais, comme ce gaz a la propriété de se combiner avec l'oxygène de l'air en se transformant en peroxyde d'azote, AzO^2, c'est celui-ci qui apparaît sous forme de vapeurs rutilantes, si la réaction se fait à l'air libre. La formule suivante rend compte de la réaction de l'acide azotique avec le cuivre :

$$3Cu + 8AzO^3H = 2AzO + 3(AzO^3)^2Cu + 4H^2O$$

Cuivre.　　Acide azotique.　　Oxyde azotique.　　Azotate de cuivre.　　Eau.

et
$$AzO + O = AzO^2$$

Oxyde azotique.　　Oxygène.　　Peroxyde d'azote.

L'argent est faiblement attaqué à froid par l'acide azotique; la réaction devient vive, si l'on élève quelque peu la température.

Le fer, le nickel et le cobalt donnent lieu, en présence de l'acide azotique, à un phénomène particulier : dans les conditions ordinaires, ces métaux ne sont pas attaqués par l'acide concentré, et le sont par l'acide étendu d'eau; mais, si on les met d'abord en contact avec l'acide concentré, ils ne sont plus attaqués ensuite par l'acide étendu d'eau : on dit qu'ils sont devenus *passifs*. Ils perdent cette propriété dès qu'on les touche avec un fil de cuivre, et l'attaque se fait alors très vivement.

L'acide azotique étendu d'eau attaque l'étain; mais il se produit de l'*acide métastannique*, et non un azotate.

L'or et le platine, seuls, ne sont pas attaqués par cet acide.

3° *Action sur les matières organiques*. L'action de l'acide azotique sur les matières organiques varie avec la nature de celles-ci; c'est en général une action oxydante. L'acide azotique colore en jaune la peau, la laine, la soie; il transforme le sucre, l'amidon, le glucose en acide oxalique.

Mais il donne, avec certaines matières organiques, des dérivés nitrés importants provenant de la substitution du radical AzO^2 à l'hydrogène; tels sont la *nitrobenzine* la *nitroglycérine*, l'*acide picrique*, le *coton-poudre*.

217. Usages de l'acide azotique. — L'acide azotique sert à la fabrication de l'acide sulfurique, au décapage du cuivre et de ses alliages, à la préparation de l'acide picrique employé en teinture, de l'acide oxalique, des fulminates pour amorces, de la nitro-benzine, de la nitro-glycérine. La facilité avec laquelle il désorganise les tissus le fait employer pour détruire les petites excrois-sances de chair, comme les verrues.

On se sert encore de l'acide azotique pour graver sur cuivre ou sur acier. A cet effet, on recouvre la plaque à graver d'une couche mince de cire ou de vernis non attaquable par l'acide, en ayant soin de laisser tout autour de la plaque un léger rebord. On décalque ensuite sur la cire le dessin à graver; puis, avec une pointe fine, on suit tous les traits du dessin en enlevant la cire de façon à mettre le métal à nu. On verse ensuite sur la plaque de l'acide azotique du commerce, qui est retenu sur la plaque par le rebord qu'on a laissé tout autour. Quand on juge que le métal est suffisamment attaqué, on enlève l'acide, et l'on nettoie la plaque qui présente ainsi le dessin en creux.

Ce mode de gravure est appelé *gravure à l'eau-forte*.

AZOTATES

218. Composition des azotates. — La formule de l'acide azotique étant AzO^3H, les azotates des métaux monovalents M' auront pour formule générale AzO^3M'. Tels sont :

L'azotate de potassium AzO^3K.
    — de sodium AzO^3Na.
    — d'argent AzO^3Ag.

Avec les métaux divalents, la formule générale serait $(AzO^3)2M''$. Les principaux azotates des métaux divalents sont :

$$L'azotate\ de\ cuivre\ (AzO^3)^2Cu.$$
$$—\quad de\ fer\quad (AzO^3)^2Fe.$$

219. Propriétés. — Les azotates sont presque tous solubles dans l'eau.

Ils sont tous décomposés par la chaleur, et les produits de la décomposition varient avec la nature du métal et avec la température à laquelle s'effectue la décomposition.

Les azotates de potassium et de sodium fondent d'abord et se décomposent en azotite et en oxygène, puis l'azotite se décompose, à une température plus élevée, en azote, oxygène et potassium ou sodium.

Les autres azotates se décomposent à une température qui ne dépasse pas le rouge, et donnent comme produits de leur décomposition l'oxyde du métal, du peroxyde d'azote et de l'oxygène.

La production d'oxygène dans la décomposition des azo-tates explique le rôle oxydant qu'ils jouent, lorsqu'on les décompose en présence de certains métalloïdes, le soufre et le charbon, par exemple.

Les acides sulfurique et phosphorique, qui sont plus fixes que l'acide azotique, décomposent les azotates et chassent l'acide azotique. L'acide chlorhydrique, en pré-sence des azotates et à l'ébullition, donne un chlorure et de l'eau régale, qui provient de l'action de l'acide chlo-rhydrique en excès sur l'acide azotique dégagé.

NITRIFICATION

220. Nitrification. — L'azote, considéré comme engrais, se présente sous trois états : *l'azote organique*, *l'azote ammoniacal, l'azote nitrique.*

L'azote a la forme organique particulièrement dans les débris animaux ou végétaux : cuir, sang, corne, débri des plantes, etc.; il a la forme ammoniacale dans les sels ammoniacaux, par exemple dans le sulfate et le carbonate d'ammonium; il a la forme nitrique dans les azotates, comme l'azotate de sodium ou nitrate de soude.

Les plantes de la famille des légumineuses et quelques plantes inférieures paraissent seules capables, jusqu'ici, de puiser directement l'azote dans l'atmosphère; tous les autres végétaux doivent l'emprunter au sol, qui le leur présente sous l'une des trois formes que nous venons d'indiquer.

Or l'azote, à l'état organique, n'est pas assimilable par les végétaux; les débris organiques se transforment d'abord en une sorte d'humus, puis subissent, plus ou moins rapidement, le phénomène de la *nitrification*.

La nitrification est, en réalité, une oxydation. Elle s'effectue sous l'influence de *ferments*, c'est-à-dire de corps organisés extrêmement petits, qu'on nomme *nitrobactéries*. Des expériences récentes ont montré que la nitrification présente deux phases successives. Un ferment, appelé *ferment nitreux*, transforme d'abord l'azote organique en acide azoteux ou nitreux, qui, en se combinant avec les bases du sol, forme des nitrites. Sur ces nitrites agit ensuite un second ferment, nommé *ferment nitrique,* qui les suroxyde et les transforme en nitrates ou azotates, dont le plus important est l'azotate de calcium. La nitrification ne s'opère bien, en effet, que si le milieu est alcalin, et les terres de bruyères, de tourbières, ne nitrifient que si elles ont été chaulées largement, bien qu'elles possèdent souvent une forte quantité d'azote à l'état organique.

La température et l'état du sol influent beaucoup sur la rapidité de la nitrification : elle est maximum vers 35 degrés ; une certaine dose d'humidité et les façons culturales, qui facilitent le libre accès de l'air, la favorisent dans une large mesure.

Des expériences assez nombreuses ont montré que l'azote, sous la forme ammoniacale, peut être absorbé directement par les végétaux; mais, sous l'influence de l'oxygène de l'air, les composés ammoniacaux et l'ammoniaque elle-même subissent le plus souvent le phénomène de la nitrification, dans les sols capables de nitrifier. Aussi peut-on presque dire que l'azote nitrique est la seule forme sous laquelle les végétaux utilisent l'azote qui leur est nécessaire.

La nitrification s'effectue non seulement dans le sol, mais encore dans le fumier, les étables, les écuries, partout où se rencontrent des débris organiques, et où se dégage de l'ammoniaque; c'est ce qui explique la présence d'azotates divers dans les murs de ces bâtiments; on dit alors qu'ils sont *salpêtrés*, en raison du nom de salpêtre donné souvent à l'azotate de potassium.

C'est de la même façon qu'on explique la formation du salpêtre à la surface du sol dans les pays chauds, et celle du nitrate de sodium au Pérou.

221. Dénitrification. — Sous le nom de *dénitrification*, on désigne la réduction que subit l'azote nitrique, au contact de certains sols riches en argile, ou tourbeux. Ces sols manquant d'oxygène, les organismes qui s'y rencontrent l'empruntent aux nitrates apportés comme engrais, et mettent l'azote en liberté. Ce fait indique que, dans les sols incapables de nitrifier, il est inutile d'apporter des engrais azotés, même sous la forme nitrique, tant qu'on n'a pas corrigé la nature de ces sols.

AZOTATE DE SODIUM

Formule : AzO^3Na. — Poids moléculaire = 85.

222. — L'*azotate de sodium*, appelé souvent *azotate de soude* ou *nitrate de soude*, est abondant dans la nature. On le trouve au Pérou, en bancs d'une étendue considérable. C'est un sel blanc, soluble dans l'eau. Il sert à la fabrication de l'acide azotique et de l'azotate de potassium. On en emploie aujourd'hui de grandes quantités en agriculture.

Comme le sulfate d'ammonium (211), c'est un excellent engrais azoté, dont les effets sont, pour ainsi dire, immédiats, car il est très soluble, et l'azote, se trouvant dans ce sel sous la forme nitrique, est immédiatement absorbé par les plantes. Cependant son mode d'emploi est subordonné à la propriété importante qu'a le sol de ne point retenir les nitrates, à l'inverse de ce qui se passe pour les autres principes fertilisants. Il s'ensuit qu'on ne doit pas enfouir le nitrate de soude à l'automne, comme certains autres engrais, car il serait entraîné par les pluies d'hiver dans le sous-sol. On l'emploie *en~ couverture*, c'est-à-dire qu'on le répand sur des plantes déjà levées, ou peu de temps avant les semailles ou les plantations de printemps.

Le nitrate, étant facilement entraîné dans le sous-sol, convient aux plantes à racines profondes, comme la betterave, la luzerne, etc.

AZOTATE DE POTASSIUM

Formule : AzO³K. — Poids moléculaire = 101.

223. État naturel. — L'azotate de potassium, appelé aussi *salpêtre nitre, sel de nitre, nitrate de potasse,* est très répandu aux Indes, en Égypte, à l'île Ceylan, en Espagne et dans quelques localités de l'Italie et de la France méridionale. Dans l'Inde, il vient affleurer à la surface du sol, où on le recueille avec de longs balais en houssine, d'où le nom de *salpêtre de houssage.* Souvent aussi on lave la terre salpêtrée, et les lessives évaporées rapidement donnent des cristaux de salpêtre impur, qui, arrivés en Europe, sont soumis à un raffinage.

La plus grande partie du salpêtre que consomme l'Europe est obtenue au moyen de l'azotate de sodium que produit le Pérou. Cet azotate, dissous dans l'eau, est traité à chaud par le chlorure de potassium ; la concentration à chaud détermine une double décomposition : il sé forme du chlorure de sodium, qui cristallise à l'ébullition, et de l'azotate de potassium, que la liqueur laisse déposer par refroidissement.

Le salpêtre se trouve aussi en assez grande quantité dans les plâtras provenant des démolitions des parties inférieures des vieux bâtiments (220). On lessive ces matériaux. Les lessives qui en proviennent contiennent, outre le salpêtre, des azotates de magnésium, de calcium, des chlorures de potassium et de sodium, dont on les débarrasse par une série d'opérations dans le détail desquelles nous n'entrerons pas.

224. Production artificielle du salpêtre, et raffinage. — On peut produire artificiellement le salpêtre en réunissant toutes les conditions de sa formation. On mêle, pour cela, du fumier avec des terres poreuses contenant de la chaux et des alcalis, et l'on construit, avec ce mélange, soit des murs, soit des tas coniques qu'on arrose avec de l'urine. Les matières azotées du fumier et de l'urine s'oxydent lentement, forment de l'acide azotique, qui se combine aux bases, et le salpêtre vient s'effleurir à la surface. On enlève la couche superficielle et on la léssive. Cette industrie a perdu beaucoup de son importance, depuis que l'azotate de sodium du Pérou nous fournit la plus grande partie du salpêtre employé dans le commerce.

Le salpêtre obtenu par l'une des méthodes précédentes est dit *brut*; il contient encore des chlorures qui, par leur déliquescence, le rendraient impropre à la fabrication de la poudre. On l'en débarrasse dans le raffinage par une nouvelle cristallisation et en versant à froid sur les cristaux une dissolution saturée d'azotate de potassium pur, qui déplace peu à peu les chlorures.

Le salpêtre raffiné ne doit pas contenir plus de 1 0/0 de chlorure.

225. Propriétés. — Le salpêtre est blanc, sa saveur est fraîche.

Il est soluble dans l'eau, qui, au-dessus de 100 degrés, le dissout en toutes proportions. Il fond à la température rouge, et se décompose en donnant lieu à un dégagement d'oxygène; c'est ce qui fait que ce corps active au rouge la combustion du charbon, du soufre, du phosphore, du fer, etc., et qu'il fuse sur les charbons ardents.

C'est aussi sur cette propriété qu'est fondé son emploi dans la fabrication de la poudre à canon.

226. Poudre noire. — La poudre noire est un mélange de salpêtre, de soufre et de charbon. Lorsqu'on enflamme ce mélange, l'oxygène de l'azotate de potassium oxyde le charbon et le transforme en gaz carbonique; le soufre forme avec le potassium du sulfure de potassium. Le gaz carbonique porté à une haute température dans un espace restreint, l'âme d'un fusil ou d'un canon, par exemple, y prend une force élastique considérable, qui lance en avant le projectile que renferme l'arme. Le soufre introduit dans le mélange sert à lui donner l'inflammabilité qui lui est nécessaire; le charbon lui donne la force de projection :

$$2AzO^3K + 3C + S = K^2S + 2Az + 3CO^2$$

Azotate de potassium.	Charbon.	Soufre	Sulfure de potassium.	Azote.	Anhydride carbonique.

La composition des poudres françaises est là suivante :

Poudre de guerre...........	Salpêtre.........	75,0
	Soufre...........	12,5
	Charbon........	12,5
Poudre de chasse.........	Salpêtre.........	76,9
	Soufre...........	9,6
	Charbon........	13,5
Poudre de mine.........	Salpêtre.........	62,0
	Soufre...........	20,0
	Charbon........	18,0

Nous devons ajouter que, dans la combustion de la poudre, les phénomènes ne sont pas aussi simples que nous l'avons supposé; qu'il se produit aussi de l'oxyde de carbone, de l'acide sulfhydrique, de l'hydrogène carboné, etc.; mais la réaction principale est celle que nous avons indiquée.

Le choix des matières premières est très important pour obtenir une poudre de bonne qualité. Le charbon employé est ordinairement, pour les poudres de guerre et de chasse, du charbon de bourdaine; pour la poudre de mine, des charbons de peuplier, d'aune, de tilleul, de saule. Ces charbons sont obtenus par le procédé des meules ou par la distillation du bois en vase clos, Pour la

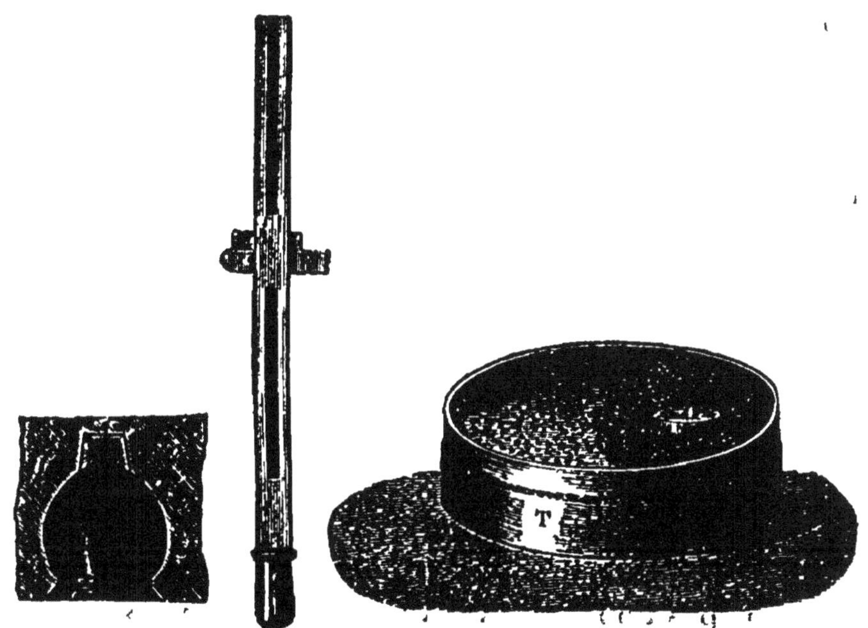

Fig. 99. — Fabrication de la poudre,   Fig. 100. — Guillaume.

poudre de chasse, le charbon doit être roux; il est obtenu par la seconde méthode.

Le charbon et le soufre sont pulvérisés ensemble, puis mêlés au salpêtre et humectés d'une petite quantité d'eau. Le mélange est d'abord remué à la main, ensuite par des pilons mus, mécaniquement, qui les triturent dans des mortiers en chêne. La figure 99 représente un pilon et un mortier. Les pilons sont quelquefois remplacés par des meules verticales tournant dans des auges. La matière est ensuite soumise à une pression qui la transforme en *galettes*, séchée, puis divisée sur un crible appelé *guillaume*, par l'action d'un disque lenticulaire D (fig. 100), qui, dans un mouvement de va-et-vient imprimé à l'appareil, tourne contre la circonférence du crible, et force la poudre à se diviser en grains assez petits pour passer à travers deux tamis destinés : le premier, à retenir ceux qui sont trop gros; le second, à laisser seulement ceux qui sont trop petits.

La poudre est ensuite séchée par un courant d'air.

Avant le séchage, la poudre de chasse est soumise à une nouvelle opération, qu'on appelle le *lissage*. Elle est remuée dans des tonneaux armés, à l'intérieur, de côtes saillantes, et mis en mouvement de rotation. Le frottement que subissent les grains leur donne une surface polie et brillante, ce qui fait que la poudre n'a plus de tendance à s'égrener davantage et à se réduire en poussière trop fine.

227. Feux de pyrotechnie. — Pour produire des effets de projection ou d'illumination, on emploie des mélanges divers d'azotates ou de poudres de guerre avec des métaux en poussière fine et des matières combustibles, comme les résines, la gomme laque, le camphre, etc.; on désigne ces mélanges sous les noms de : fusées, bombes, chandelles romaines, soleils, feux de Bengale, etc.

La composition de ces divers feux est très variable.

228. *Expériences simples.* — *Acide azotique.* Préparer de l'acide azotique ainsi qu'il a été expliqué au n° 214.

L'acide azotique ne doit être manié qu'avec précaution, car c'est un corrosif violent.

Tremper de la laine blanche dans de l'acide azotique : on la retire teinte en jaune.

Plonger dans de l'acide azotique étendu d'eau des clous ou un petit morceau de cuivre; l'attaque est très vive : il se forme un azotate, pendant que se dégagent des vapeurs rouges de peroxyde d'azote.

Décaper des pièces de monnaie de billon en les plongeant, tenues par une pince, d'abord dans de l'acide étendu d'eau, puis dans de l'eau pure qui dissout l'azotate formé.

Graver à l'eau-forte un nom sur une lame de couteau.

Pulvériser un morceau de charbon de bois; chauffer cette poudre dans un creuset en terre, puis verser un peu d'acide azotique fumant : le charbon s'enflamme.

Verser dans un creuset quelques centimètres cubes d'essence de térébenthine; puis y laisser tomber un peu d'acide azotique fumant, à l'aide d'un verre attaché au bout d'un bâton : il y a une vive réaction, et l'essence prend feu.

Faire un mélange à volumes égaux d'acide azotique et d'acide sulfurique concentrés, puis y laisser tremper pendant un quart d'heure du coton ordinaire; faire sécher ce coton : il s'est transformé en coton-poudre, qui brûle sans laisser de résidu.

Azotate de potassium. Ce sel, comme l'azotate de sodium, fuse sur les charbons ardents.

Fondre un peu de salpêtre dans un tube à essais, y projeter un fragment de soufre qui brûle avec une belle lumière.

On pourra préparer un peu de poudre en mélangeant intimement 6 parties de salpêtre, 1 de soufre en fleur et 1 de charbon pulvérisé. On enflammera une pincée de ce mélange.

On obtiendra un feu vert ou un feu rouge en ajoutant à une pincée du mélange précédent un peu d'azotate de baryum ou d'azotate de strontium.

CHAPITRE XIX

Phosphore. — Acide phosphorique. — Phosphates. — Engrais phosphatés.

—

PHOSPHORE

Symbole : P. — Poids atomique = 31. — Poids moléc. = 124.

229. Propriétés physiques du phosphore. — Le phosphore est un corps solide à la température ordinaire. Il fond à 44 degrés et bout à 287 degrés; récemment fondu, il est flexible et peut être rayé par l'ongle. Il est incolore ou légèrement jaune. Son odeur rappelle celle de l'ail; sa densité est 1,83. Insoluble dans l'eau, il est soluble dans le sulfure de carbone et dans la benzine, où il peut cristalliser. Il a la propriété de luire dans l'obscurité, ce qui est dû à son oxydation. *Il est très vénéneux.*

Le phosphore peut subir des modifications moléculaires assez curieuses.

Abandonné à lui-même sous l'eau, il se recouvre d'une couche opaque, qui n'est qu'une modification moléculaire de la variété douée de transparence.

L'action prolongée de la lumière solaire ou de la chaleur transforme le phosphore ordinaire en *phosphore rouge,* doué de propriétés particulières. Sa densité est 2,20. Il ne peut cristalliser, est insoluble dans le sulfure de carbone, n'est pas phosphorescent, et s'enflamme à 260 degrés, tandis que le phosphore ordinaire s'enflamme à l'air à 60 degrés. *Il n'a pas les propriétés vénéneuses du phosphore ordinaire.*

Le phosphore rouge est employé, comme nous le

verrons, dans la fabrication des allumettes dites *allumettes au phosphore amorphe*, ou *allumettes suédoises*.

230. Propriétés chimiques. — Le phosphore ordinaire a une très grande affinité pour l'oxygène. Exposé humide à l'action de l'air, il y répand des fumées blanches, et se transforme en acide phosphoreux. Il s'enflamme à 60 degrés, en donnant lieu à l'anhydride phosphorique. Sa facile inflammation en rend le maniement dangereux ; aussi ne doit-on le couper que sous l'eau.

Le phosphore forme avec l'hydrogène 3 composés :

1° L'hydrogène phosphoré gazeux PH^3, gaz incolore à odeur d'ail, qui s'enflamme à l'air ;

2° L'hydrogène phosphoré liquide PH^2 : c'est un liquide inflammable à l'air à la température ordinaire, qui, sous l'influence de la lumière, se décompose en hydrogène phosphoré gazeux et en hydrogène phosphoré solide ;

3° L'hydrogène phosphoré solide P^2H, qui est une poudre jaune, insoluble dans l'eau, inflammable à l'air à 160 degrés.

Il existe un hydrogène phosphoré spontanément inflammable à l'air à la température ordinaire, et qu'on désigne sous le nom d'*hydrogène phosphoré de Gingembre*. C'est un mélange d'hydrogène phosphoré gazeux, d'hydrogène phosphoré liquide en vapeur et d'hydrogène.

On peut produire ce gaz en jetant dans l'eau du phosphure de calcium.

Il se forme spontanément dans les lieux où sont enfouies des matières organiques en décomposition, dans les marais, dans les cimetières humides. Le phosphore que contiennent ces substances s'unit à l'hydrogène naissant que produit la putréfaction ; l'hydrogène phosphoré formé s'échappe par les fissures du sol, s'enflamme à l'air, et donne lieu à ce qu'on désigne sous le nom de *feux follets, feux ardents, flambards*.

Le phosphore forme avec l'oxygène, en présence de l'eau, plusieurs composés acides : l'acide hypophosphoreux, l'acide phosphoreux et différents acides phosphoriques.

231. Usages. — Le phosphore est employé à la fabrication des *allumettes chimiques*. Il sert à la préparation d'un mélange de graisse et de phosphore employé pour détruire les petits rongeurs.

232. Fabrication des allumettes. — Les allumettes ordinaires sont généralement faites en bois de tremble ou de peuplier blanc de Hollande; les allumettes rondes, en bois de pin.

On coupe le bois en bûches, et on le fait sécher au four. On le débite ensuite en bûchettes prismatiques de 5 à 10 centimètres de hauteur, qu'on refend à leur tour à l'aide d'un outil spécial. Les allumettes rondes sont préparées au moyen d'un rabot mécanique qui débite le bois en longues baguettes.

Ainsi débitées, les allumettes sont placées dans des cadres qui laissent sortir une partie de l'allumette, et permettent d'en plonger un grand nombre à la fois, jusqu'à une hauteur de 5 à 6 millimètres, dans un bain de soufre fondu, d'acide stéarique ou de paraffine. On garnit ensuite l'extrémité soufrée, d'une pâte inflammable; il suffit, pour cela, de déposer les cadres sur une table de marbre maintenue tiède et recouverte de la pâte inflammable sur une épaisseur de 3 millimètres.

Par suite du danger d'intoxication qu'elles présentaient pour les ouvriers, on a renoncé à la fabrication des allumettes au phosphore blanc : on ne fabrique plus aujourd'hui que les allumettes au sesquisulfure de phosphore P^4S^3, et les allumettes au phosphore rouge.

. Allumettes au sulfure de phosphore. Elles s'enflamment par friction sur un corps quelconque; leur pâte se compose de 1 partie de sulfure de potassium, 4 parties de chlorate de potassium, 3 parties de colle, 1 partie de chacun des corps suivants : oxyde de zinc, cire, verre pilé.

. Allumettes au phosphore amorphe. L'allumette est garnie d'une pâte composée de 6 parties de chlorate de

potassium, 3 parties de sulfure d'antimoine et 1 partie de colle forte. Pour être enflammée, l'allumette doit être frottée sur un carton recouvert de la composition suivante :

Phosphore amorphe en poudre.................... 10
Sulfure d'antimoine............................. 8
Colle...................................... 3

L'allumette ne peut s'enflammer d'elle-même, puisqu'elle ne contient pas de phosphore. Lorsqu'on la frotte sur le carton, elle en détache des particules de phosphore qui suffisent à l'enflammer.

NOTIONS SUR L'ACIDE PHOSPHORIQUE

233. Anhydride phosphorique. — L'anhydride phosrique P^2O^5 est un corps blanc, très avide d'humidité, qu'on emploie dans les laboratoires pour dessécher les gaz.

On le prépare en faisant brûler du phosphore dans une coupelle suspendue (fig. 101) au milieu d'un ballon à trois tubulures, que traverse un courant d'air sec.

234. Acides phosphoriques. — Il y a trois espèces d'acides phosphoriques. Nous n'étudierons que le plus important d'entre eux, l'*acide phosphorique ordinaire* ou *acide orthophosphorique*, PO^4H^3. Cet acide est tribasique et donne lieu à trois sels; avec un métal monovalent comme le potassium, ces trois sels sont :

L'orthophosphate neutre... : PO^4K^3
Les orthophosphates acides : PO^4K^2H et PO^4KH^2.

235. Acide phosphorique ordinaire ou acide orthophosphorique : PO^4H^2. — On prépare l'acide phosphorique ordinaire en chauffant dans une cornue (fig. 98), communiquant avec un ballon plongé dans l'eau, du phosphore et de l'acide azotique. L'acide se décompose et oxyde le phosphore : d'abondantes vapeurs rutilantes se dégagent, et l'acide azotique non décomposé distille dans le ballon; on le recueille et on le renverse dans la cornue : c'est ce qu'on appelle *cohober* le liquide. Quant à l'acide phosphorique, qui est fixe à cette température, il reste dans la cornue. Lorsque le phosphore est entièrement dissous, on évapore le liquide dans une capsule de platine jusqu'à consistance sirupeuse et l'on obtient

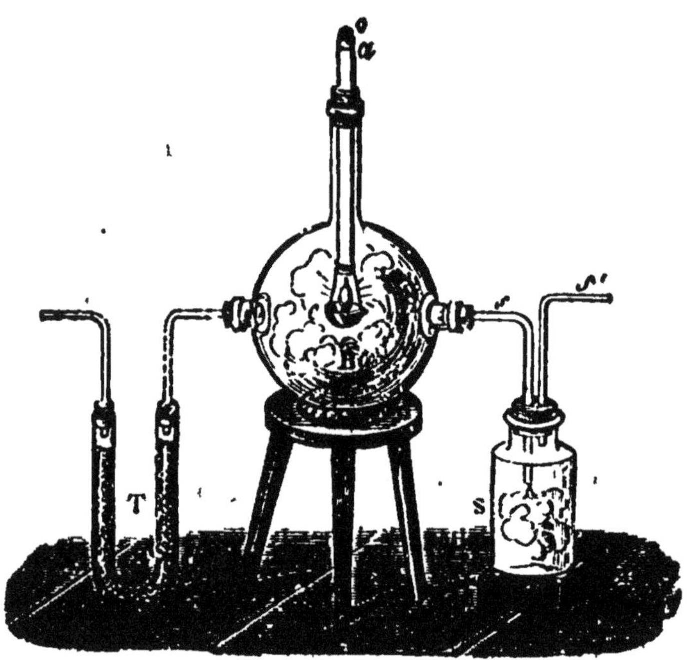

Fig. 101. — Préparation de l'anhydride phosphorique.

par refroidissement des cristaux déliquescents d'acide phosphorique.

236. Phosphates de calcium. — L'acide phosphorique ordinaire PO^4H^3, étant tribasique, donne lieu à trois phosphates de calcium. Comme le calcium est un métal divalent, pour comprendre comment chaque atome de calcium remplace 2 atomes d'hydrogène, il est nécessaire de doubler la formule de l'acide phosphorique qui devient ainsi $(PO^4)^2H^6$.

Les phosphates de calcium sont :

Le phosphate neutre ou tricalcique $(PO^4)^2Ca^3$
—   bicalcique $(PO^4)^2Ca^2H^2$
—   acide ou monocalcique $(PO^4)^2CaH^4$.

Le phosphate tricalcique est insoluble dans l'eau; le phosphate bicalcique est insoluble dans l'eau, mais soluble dans les acides faibles et dans le citrate d'ammonium; le phosphate monocalcique est soluble dans l'eau.

Le phosphate tricalcique est le seul qu'on rencontre dans la nature.

237. Préparation du phosphore. — Les os des animaux sont composés d'une matière organique : l'*osséine*, et de sels minéraux : le phosphate et le carbonate de calcium. Lorsqu'on les calcine, la matière organique brûle, et l'on a un résidu formé des sels que nous venons de citer. C'est le phosphate, que contient ce mélange, qui va nous fournir le phosphore.

Le phosphate de calcium contenu dans les os étant tricalcique $(PO^4)^2Ca^3$, n'est ni soluble dans l'eau, ni réductible par le charbon, et, comme la préparation du phosphore consiste à réduire le phosphate par le charbon, on transforme ce sel en phosphate monocalcique $(PO^4)^2CaH^4$, soluble et réductible. Pour cela, on fait agir sur les cendres d'os de l'acide sulfurique. Le phosphate neutre, qui forme la plus grande partie de ces cendres, se transforme en phosphate acide, et il se forme du sulfate de calcium :

Fig. 102.
Préparation du phosphore.

$$(PO^4)^2Ca^3 + 2SO^4H^2 = (PO^4)^2CaH^4 + 2(SO^4Ca)$$

Phosphate neutre   Acide   Phosphate acide   Sulfate
de calcium.   sulfurique.   de calcium.   de calcium.

Quant au carbonate de calcium contenu dans les cendres, il est aussi transformé en sulfate de calcium.

On traite le mélange par l'eau, qui dissout le phosphate
acide et laisse le sulfate de calcium. On évapore la dissolution, à laquelle on a ajouté du charbon en poudre, et
l'on porte le résidu concassé à une haute température dans
une cornue C (fig. 102), dont le col entre dans le bec a
d'un récipient R con-
tenant de l'eau à 50 de-
grés. Le phosphore
distille et se rassemble
au fond du vase.

238. Pour trans-
former le phosphore
ordinaire en phos-
phore rouge, on opère
de la manière sui-
vante. On place le
phosphore dans un
vase cylindrique en
fonte C (fig. 103), qui
se trouve plongé dans
un second vase égale-
ment en fonte aa, con-
tenant du sable. Ce

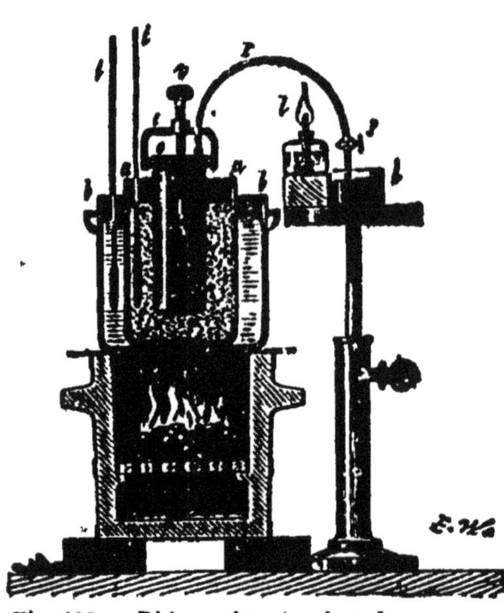

Fig. 103.— *Préparation du phosphore rouge.*

vase aa est lui-même plongé dans un troisième contenant
un alliage fusible formé de parties égales de plomb et
d'étain. Le cylindre C est fermé à l'aide d'un couvercle
en fonte maintenu par un étrier à vis. De ce couvercle
part un tube r, qui se rend dans du mercure. Cet appareil
n'est, en définitive, qu'un double bain-marie, à l'aide
duquel on pourra chauffer au degré voulu. On chauffe
d'abord graduellement, pour chasser l'air, jusqu'à
ce qu'il se dégage à travers le mercure des vapeurs
s'enflammant au contact de l'air. Puis on élève la température jusqu'à 270 degrés, et on l'entretient à ce point
pendant dix ou douze jours. Au bout de ce temps, la

transformation est opérée; il ne reste plus qu'à enlever toute trace de phosphore ordinaire, par l'action du sulfure de carbone, qui le dissout en respectant le phosphore rouge.

ENGRAIS PHOSPHATÉS

239. Phosphates employés en agriculture. — Avec l'azote, la potasse et la chaux, l'*acide phosphorique* est un principe indispensable au végétal. Dans un sol de fertilité moyenne, il existe une certaine quantité d'acide phosphorique ($\frac{1}{1000}$ environ), combiné avec des bases; il en est de même dans le fumier, où la proportion de phosphates est plus forte que dans le sol. Dans le cas où la quantité d'acide phosphorique du sol est trop faible, on utilise, comme engrais, le *phosphate de calcium*. On l'emploie sous différentes formes.

Le *noir d'engrais, noir de raffinerie, noir de sucrerie*, est du noir animal qui, après avoir servi à la décoloration des sirops et avoir été revivifié plusieurs fois, est vendu comme engrais. Son emploi en agriculture est motivé par le phosphate de calcium qu'il renferme, et par les diverses substances qui s'y sont fixées dans les usages auxquels il a servi. Le noir animal est un mélange de phosphate de calcium, de carbonate de calcium et de charbon, qu'on obtient en calcinant des os en vase clos.

Les os des animaux renferment près de 80 0/0 de matière minérale dont les trois quarts sont formés par du phosphate de calcium, soit plus de 20 0/0 d'acide phosphorique libre; ils constituent donc un excellent engrais phosphaté; cependant ils ne sont guère employés sous cette forme, mais sous celle de noir animal.

Le phosphate de calcium se trouve aussi dans le sol en certains endroits, tantôt en masses cristallisées auxquelles on donne le nom d'*apatites* ou *phosphorites*, tantôt en masses irrégulières de la grosseur moyenne

13

d'une noix, nommées *nodules*, tantôt sous forme de *sable phosphaté* ou *craie phosphatée*. On exploite des gisements de phosphate de calcium dans les départements de la Meuse, des Ardennes, de la Somme, de l'Oise, du Lot, du Lot-et-Garonne, du Pas-de-Calais. Il en existe aussi en Allemagne, en Espagne, en Russie, en Amérique, en Algérie, etc.; dans ces phosphates naturels, la teneur en phosphate de calcium varie de 28 à 60 0/0, soit de 16 à 20 0/0 d'acide phosphorique libre.

Tous les phosphates de calcium dont il vient d'être question sont broyés avant d'être livrés à l'agriculture. Ils ont tous la composition tricalcique et sont, par conséquent, insolubles dans l'eau. Ils sont cependant absorbés par les plantes, parce qu'ils sont rendus solubles par l'action d'un acide que sécrètent les racines.

Depuis quelques années on emploie aussi, comme engrais phosphaté, les *scories de déphosporation*. Le phosphore rendant le fer cassant, on mélange à la fonte en fusion, destinée à donner du fer, du calcaire ou carbonate de calcium. Le phosphore que contient la fonte s'oxyde sous l'influence d'un courant d'air et forme, avec la chaux provenant de la décomposition du calcaire, du phosphate de calcium qui se retrouve dans les scories. Les scories de déphosphoration se présentent sous forme de fragments noirs qu'on pulvérise avant de les employer; elles contiennent de 6 à 18 0/0 d'acide phosphorique, et, comme elles constituent un résidu encombrant pour les usines métallurgiques, celles-ci les livrent à l'agriculture à un prix relativement peu élevé; aussi l'emploi des scories tend-il à se généraliser.

Tous les engrais phosphatés qui précèdent apportent en outre au sol une forte proportion de chaux; c'est ainsi que les scories en renferment de 40 à 48 pour 100 de leur poids.

240. **Superphosphates.** — Nous avons vu (237) qu'en faisant agir de l'acide sulfurique sur le phosphate d'os, qui est tricalcique, on le transformait en phosphate mono-

calcique. Cette opération se fait, non seulement sur le phosphate d'os, mais encore sur les phosphates qu'on trouve dans le sol. Les phosphates ainsi obtenus sont appelés *superphosphates*. Ils sont très employés en agriculture et sont absorbés par les plantes plus rapidement que les phosphates tricalciques ; cela tient surtout à leur solubilité, qui leur permet de se répandre dans les moindres particules du sol.

Les superphosphates sont donc des mélanges de phosphate monocalcique et de sulfate de calcium ou *plâtre* (237). Le prix de revient des superphosphates est beaucoup plus élevé que celui des phosphates naturels et des scories.

241. *Phosphates précipités*. — On vend aussi, sous le nom de *phosphates précipités*, des phosphates bicalciques $(PO^4)^2 Ca^2H^2$, qu'on obtient en traitant les os ou les phosphates naturels par l'acide sulfurique ; on sépare le phosphore monocalcique soluble du sulfate de calcium insoluble par décantation, et l'on mélange un lait de chaux au phosphate monocalcique qui se précipite à l'état de phosphate bicalcique.

Des expériences récentes semblent établir que la valeur fertilisante des deux phosphates insolubles est presque égale à celle du phosphate soluble, à condition qu'ils soient fournis au sol réduits en fine poussière. On a remarqué, en effet, qu'à la suite de diverses réactions assez mal définies, une partie du phosphate soluble repasse à l'état insoluble ; ce phénomène s'opère d'une façon à peu près constante dans le sol ; on lui a donné le nom de *rétrogradation*.

242. Emploi des phosphates.

— Le mécanisme de l'absorption de l'acide phosphorique par les plantes est encore à peu près inconnu ; mais cet acide convient presque pour tous les sols ; son action est particulièrement marquée dans ceux qui sont riches en humus et en débris organiques.

243. *Expériences simples*. — Le phosphore ne doit être coupé que sous l'eau.

Montrer du phosphore blanc et du phosphore rouge.

Si l'on n'a pas de phosphore, montrer la facile inflammation de ce corps avec des allumettes ordinaires, en faisant remarquer que la coloration de la pointe phosphorée est tout artificielle.

Dans l'obscurité, faire constater la phosphorescence.

Dans une petite coupelle reposant sur une assiette bien sèche, poser un petit fragment de phosphore qu'on enflamme. Recouvrir la coupelle d'une cloche ou d'un grand verre. De l'anhydride phos-phorique se dépose sous forme d'une poudre blanche.

Faire passer sous les yeux des élèves des échantillons de phos-phates, de superphosphates et de scories de déphosphoration.

Faire macérer un os frais ou *vert* dans l'acide chlorhydrique étendu ; après vingt-quatre heures au moins, la matière minérale étant dissoute, on obtiendra une masse molle, cartilagineuse, ayant conservé la forme de l'os, et composée d'*osséine*.

Faire calciner un os dans un poêle à fort tirage, ou à l'air libre : on obtient une masse blanche, *os blanc*, ayant la forme de l'os, mais renfermant uniquement la matière minérale : cette masse, réduite en poudre, constitue la *cendre d'os*.

Cette cendre peut servir à préparer du superphosphate; pour cela, délayer la cendre d'os dans le double de son poids d'eau, puis y ajouter peu à peu de l'acide sulfurique en remuant constamment. Il se dégage du gaz carbonique qui boursoufle la masse. On chauffe légèrement et l'on obtient finalement un produit formé de phosphate monocalcique et de sulfate de calcium, qui n'est autre qu'un superphosphate.

CHAPITRE XX

Arsenic et anhydride arsénieux.

ARSENIC

Symbole : As. — Poids atomique = 75. — Poids moléc. = 300.

244. — L'arsenic est un corps solide, gris d'acier, cristallisant assez facilement. Sa densité est 5,67. Il se volatilise au rouge sombre sans se fondre. Projeté sur des charbons ardents, il se vaporise en répandant une odeur d'ail caractéristique. L'arsenic est très répandu dans la nature, soit à l'état natif, soit à l'état de sulfures, soit combiné avec le sulfure de fer (*mispickel*, FeAsS).

L'arsenic forme, avec l'oxygène, deux composés : l'anhydride arsénieux As^2O^3 et l'anhydride arsénique As^2O^5. Ce dernier a beaucoup d'analogies avec l'anhydride phosphorique, et, comme lui, peut engendrer trois acides différents.

ANHYDRIDE ARSÉNIEUX

Formule : As^2O^3. — Poids moléculaire = 198.

245. — L'arsenic, en brûlant, produit de l'anhydride arsénieux, corps blanc, vulgairement appelé *arsenic* ou *mort aux rats*; c'est un poison violent, dont on doit combattre les effets en provoquant des vomissements qui expulsent l'acide que contient encore l'estomac. On fait ensuite avaler au malade de la magnésie ou de l'hydrate d'oxyde ferrique, qui forment avec l'anhydride arsénieux des composés insolubles.

Cependant, à très faible dose, l'anhydride arsénieux est employé en médecine pour combattre l'asthme.

On emploie l'anhydride arsénieux pour fabriquer certaines matières colorantes comme le *vert de Scheele* (arsénite de cuivre). Traité par l'acide azotique, il s'oxyde en donnant de l'acide arsénique ordinaire AsO^4H^3, employé pour la fabrication de la *fuchsine* ou *rouge d'aniline*.

246. Principe de la recherche toxicologique de l'arsenic. — Pour rechercher l'arsenic dans les cas d'empoisonnement, on emploie une méthode qui repose sur le principe suivant : traités par l'hydrogène naissant, les composés oxygénés de l'arsenic se transforment en hydrogène arsénié AsH^3; si l'on chauffe une portion du tube à dégagement, l'hydrogène arsénié se décompose en hydrogène et en arsenic qui ira se condenser dans la partie non chauffée sous forme d'un anneau miroitant. D'ailleurs, si l'on enflamme le gaz à l'extrémité effilée du tube et qu'on écrase la flamme avec une soucoupe de porcelaine, il se produira des taches noires d'arsenic que donne le gaz en se décomposant par la chaleur de la flamme.

CHAPITRE XXI

Carbone.

Symbole : C. — Poids atomique = 12.

247. Charbons. — On désigne sous le nom général de *charbons* un certain nombre de substances qui renferment toutes, en quantité considérable, un même corps simple appelé *carbone*. Dans quelques-unes, comme le diamant et la plombagine, le carbone y est pur ; dans d'autres, comme la houille, il est mélangé à des matières étrangères qui sont le plus souvent des carbures d'hydrogène.

Nous diviserons les charbons en deux classes ; la première comprendra les charbons *naturels* : diamant, graphite ou plombagine, anthracite, houille, lignites, tourbes ; la seconde comprendra les charbons *artificiels* : coke, charbon de cornue, charbon de bois, charbon de Paris, noir de fumée et noir animal.

Charbons naturels.

DIAMANT

248. — La véritable nature du diamant est longtemps restée inconnue ; c'est seulement à la fin du XVIIe siècle qu'on démontra qu'il était formé de carbone pur.

Le diamant est le plus dur de tous les corps ; il les raye tous sans être rayé par aucun. Sa densité varie entre 3,50 et 3,55. Il cristallise dans le système cubique.

Cette substance possède un remarquable éclat. Elle a pour la lumière un pouvoir réfringent très considérable, et c'est à cela que sont dus les beaux effets de lumière que produit le diamant taillé.

Le diamant est le plus souvent incolore, mais il est quelquefois légèrement teinté de jaune, de vert et de gris ; la teinte bleue est fort rare. Il existe des diamants noirs qui semblent plus durs que les autres. On les nomme diamants de nature.

Le diamant se trouve au Brésil, aux Indes orientales et en Sibérie. On l'y rencontre au milieu des sables qu'on lave dans un courant d'eau ; les particules les plus ténues et les moins denses sont entraînées, et il reste un gravier diamantifère qui est ensuite trié à la main.

Fig. 104. — Taille du diamant.

249. — Les diamants bruts ainsi obtenus sont ensuite livrés au commerce pour subir l'opération de la taille. Les Anciens ne connaissaient pas la manière de tailler cette pierre, et l'employaient avec ses facettes naturelles ; ce n'est qu'au XV⁰ siècle qu'on commença à savoir tailler les diamants, en les

Fig. 105. — Taille du diamant.

usant avec leur propre poussière. A cet effet, les pierres les plus petites et les plus défectueuses sont réduites en une poudre qu'on nomme *égrisée*. Cette poussière, mêlée avec de l'huile, sert à enduire une plate-forme d'acier PP'

horizontale et mobile autour d'un axe vertical XY (fig. 104).
Pendant que la plate-forme tourne rapidement, on appuie
contre elle le diamant à tailler, qui est enchâssé dans une
masse D d'alliage fusible de plomb
et d'étain montée dans un outil AB
que représente la figure 105. Quand
une facette est formée, on change le
diamant de position, et ainsi de suite.
La manière dont les facettes sont
disposées influe beaucoup sur l'intensité de l'éclat projeté par la
pierre. On procède à la taille du
diamant de deux manières : en *rosé*
pour les pierres de peu d'épaisseur,
en *brillant* pour les pierres plus
grosses.

Fig. 106. — Rose.

La rose présente, à son sommet,
une pyramide à facettes triangulaires et une base plate qui est
cachée dans la monture (fig. 106).

Le brillant (fig. 107) se termine, à
sa partie supérieure, par une face
assez large, appelée *table* et entourée de facettes triangulaires
qu'on nomme *lentilles* et de facettes
en losange; sa partie inférieure est
formée par une pyramide tronquée
à facettes.

Fig. 107. — Brillant.

Les brillants sont toujours montés
à jour; les roses sont montées sur
une lame métallique. Les brillants
ont plus d'éclat que les roses et sont
plus recherchés.

Le prix des diamants, surtout lorsqu'ils sont taillés,
est, en général très élevé. Bruts, lorsqu'ils sont suscep-
tibles d'être taillés et qu'ils ne dépassent pas en poids un
karat (le karat vaut 0 gr. 205), ils se vendent 48 francs le

karat environ; taillés, ils valent 125 francs. Mais, pour les brillants, le prix s'élève considérablement avec la grosseur. Un diamant de 1 karat coûte généralement, et suivant sa qualité, de 120 à 240 francs; au delà, le prix est à peu près proportionnel au carré du poids[1].

1. Les plus beaux diamants sont :

1° Le diamant du radjah de Mattan, à Bornéo, qui pèse plus de 300 karats;

2° Le *Kohi noor* ou *Montagne de lumière*, qui pèse 102 karats 1/2;

3° L'*Orlow*, diamant de l'empereur de Russie, acheté par l'impératrice Catherine 2 500 000 francs, plus 100 000 francs de rente viagère;

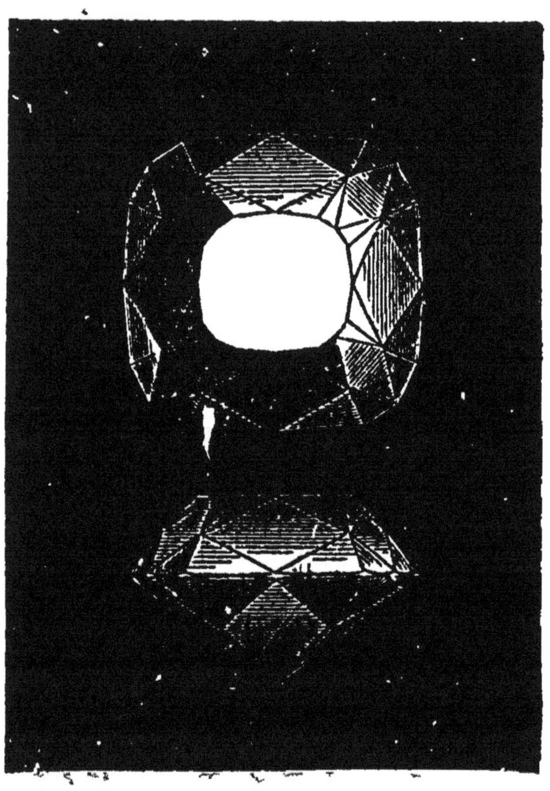

Fig. 108. — Fac-similé du Régent.

4° Le *Régent*, diamant de France (136 karats), qui a été estimé à 12 millions de francs, et que la figure 108 représente en grandeur naturelle;

5° L'*Étoile du Sud*, appartenant à M. Alphen. Ce diamant pesait 254 karats avant la taille, mais cette opération a réduit son poids à 125 karats. Sa forme et sa limpidité sont parfaites;

6° Le diamant de l'empereur d'Autriche, pesant 139 karats 1/2, et évalué à 2 608 325 francs.

GRAPHITE OU PLOMBAGINE

250. Le *graphite*, qu'on désigne aussi sous le nom de *plombagine*, de *mine de plomb*, est une variété de carbone qui se présente sous forme de parcelles brillantes d'un gris d'acier, ou de masses feuilletées, que l'ongle peut rayer et qui laisse des traces noires sur le papier. Sa densité est 2,2. Il conduit bien la chaleur et l'électricité et ne brûle dans l'oxygène qu'à une température élevée. Les mines les plus riches en graphite sont en Angleterre, dans le duché de Cumberland, et en Russie. On le trouve aussi à Passaw en Bavière, dans le Piémont et dans les Pyrénées.

La plombagine sert à la fabrication des crayons. Pour préparer les meilleurs crayons de plombagine anglais, on débite à la scie des baguettes de graphite pur et préalablement chauffé en vase clos à une forte chaleur rouge. Ces crayons sont habituellement enchâssés dans des baguettes en bois dit de « cèdre ». On taille aussi de petits cylindres en graphite très courts, destinés à être fixés dans des porte-crayon métalliques.

En 1795, Conté[1] inventa un procédé très simple, qui permet de fabriquer des crayons avec un mélange d'argile et de plombagine. Ces deux substances, réduites en poudre fine, servent à faire avec l'eau une pâte qu'on coule dans les rainures parallèles pratiquées dans des planches. Lorsque la pâte est sèche, on introduit les baguettes ainsi formées dans des creusets, où on les chauffe à une température d'autant plus élevée qu'on veut avoir des crayons plus durs. On les enferme ensuite dans des cylindres en bois coupés, suivant leur longueur, en deux parties inégales; dans le milieu de la plus grosse est pratiquée une rainure où on loge la mine de plomb; les deux morceaux sont ensuite recollés ensemble.

1. Conté (Jacques), industriel, né en 1755, près de Sées, en Normandie; mort à Paris, en 1805.

La plombagine unie à l'argile réfractaire sert à faire des creusets pour la fusion de l'acier. Délayée dans un peu d'huile, elle est employée pour noircir les tuyaux de poêle, etc.; pétrie avec des matières grasses, elle fournit un excellent graisseur pour les machines; enfin elle est employée en galvanoplastie pour rendre la surface des moules conductrice de l'électricité.

HOUILLE OU CHARBON DE TERRE

251. La *houille ou charbon de terre* est essentiellement formée de carbone et de bitume unis à une proportion variable de matières terreuses. Lorsqu'on la chauffe à l'abri de l'air, il s'en dégage des combinaisons de carbone et d'hydrogène. Les unes sont liquides à la température ordinaire (naphte, goudron, etc.); les autres sont gazeuses et constituent le gaz d'éclairage. Le résidu de la calcination en vase clos est appelé *coke*.

La houille est un combustible précieux pour l'industrie. A poids égal, elle donne en brûlant plus de chaleur que le bois.

Les différentes variétés de houille ne se comportent pas de la même manière pendant leur combustion. Les unes se ramollissent et fondent; les autres n'éprouvent pas de ramollissement. On distingue :

1° Les *houilles grasses maréchales*, qui éprouvent au feu une espèce de fusion pâteuse, et donnent beaucoup de chaleur; brûlées sur grille, elles fondent bientôt, leurs morceaux s'agglutinent et le tirage devient moins actif. Elles altèrent les barreaux des grilles. Elles sont très bonnes pour le travail de la forge. La plus estimée est celle de Saint-Etienne; celle de Mons vient après;

2° Les *houilles grasses et dures*, moins fusibles que les précédentes. Elles sont très estimées pour les opérations métallurgiques. Telles sont celles d'Alais et de Rive-de-Gier;

3° Les *houilles grasses à longue flamme*. Moins fusibles

que les précédentes, elles sont meilleures pour les grilles. La houille de Mons est la meilleure. Ces houilles conviennent au chauffage domestique et à la fabrication du gaz d'éclairage;

4° Les *houilles sèches à longue flamme*. Elles ne fondent pas, ne s'agglutinent point; bonnes encore pour le chauffage des chaudières, elles donnent moins de chaleur que les précédentes;

5° Les *houilles sèches qui brûlent sans flamme*. Elles brûlent difficilement, donnent un résidu pulvérulent. On les emploie à la cuisson de la chaux et des briques.

La France renferme de nombreux dépôts de houille : le bassin de la Loire, à Saint-Etienne, à Rive-de-Gier; le bassin de l'Allier, ceux du Nord et de l'Auvergne, donnent lieu à d'importantes exploitations. La Belgique et l'Angleterre sont, sous ce rapport, bien plus riches que la France.

La houille se trouve dans la terre à des profondeurs plus ou moins grandes. Elle est due à l'ensevelissement sous les eaux, d'anciennes forêts dont les arbres se sont lentement altérés et décomposés. Des empreintes de tiges, de feuilles, de fruits, qu'on observe sur certains morceaux de houille, prouvent cette origine d'une manière incontestable.

Nous avons dit (50) que le pouvoir calorifique de la houille, c'est-à-dire la quantité de chaleur développée par la combustion de 1 kilogramme de houille, variait de 7 200 à 8 600 calories. Elle convient mieux que le bois au chauffage des appareils industriels; elle est aussi d'un emploi plus économique pour le chauffage de nos habitations.

ANTHRACITE

252. L'anthracite est une substance noire, sèche au toucher. Elle s'allume assez difficilement; mais, lorsqu'on dispose de moyens énergiques de ventilation, comme dans les établissements métallurgiques, elle devient un

combustible très précieux; l'on peut aussi l'employer pour le chauffage domestique. Elle donne plus de chaleur que la houille : 9 000 à 9 300 calories.

On en trouve aux Etats-Unis, en Angleterre, et en France sur les bords de la Loire.

LIGNITE

253. On désigne sous le nom de *lignite* une substance charbonneuse, d'origine analogue à celle de la houille, mais de formation plus récente. Dans certaines localités, le lignite sert de combustible; il donne en brûlant peu de chaleur, beaucoup de fumée, et produit une odeur désagréable.

Le *jais* ou *jayet*, avec lequel on fabrique des bijoux de deuil, est une variété de lignite.

TOURBE

254. La *tourbe* provient aussi de l'altération sous l'eau de débris végétaux. C'est une substance qui se forme encore de nos jours dans certaines contrées marécageuses. Elle brûle lentement, et produit peu de chaleur. En la desséchant et en la comprimant, on obtient un combustible excellent et d'un prix peu élevé.

Les principaux gisements sont en Hollande, en Westphalie, dans le Hanovre, en Prusse, en Silésie. La France, quoique moins riche, possède néanmoins plus de 600 000 hectares de marais tourbeux exploitables. Les gisements les plus importants sont dans les vallées de la Somme et de l'Oise, dans l'Aisne, dans le Pas-de-Calais, etc.

Charbons artificiels.

COKE

255. Le *coke* est le produit de la calcination de la houille à l'abri du contact de l'air. Cette calcination se

fait dans des conditions différentes. Tantôt le coke n'est qu'un des résidus de la fabrication du gaz d'éclairage; tantôt il est le produit d'une fabrication spéciale, qui se fait soit par la carbonisation en meules, soit par la carbonisation dans des fours.

Le coke provenant de la fabrication du gaz d'éclairage fournit un bon combustible pour l'économie domestique ou le chauffage des petits foyers; mais' sa faible densité et son défaut d'agglomération le rendent peu propre aux usages métallurgiques et au chauffage des lomomotives.

Le coke obtenu par les autres méthodes, dit *coke de suffocation*, est d'une densité considérable. On l'emploie en métallurgie et pour le chauffage des locomotives.

Le procédé de carbonisation en meules est peu employé maintenant. Il consiste à faire, avec les morceaux de houille, des tertres coniques qu'on recouvre de paille et de terre humectée. On y met le feu par une ouverture ménagée à cet effet. La combustion se fait lentement, d'une manière incomplète; et, au bout de quatre jours de feu, on obtient en coke 40 0/0 de la houille employée.

Le procédé de carbonisation dans les fours prend chaque jour plus d'extension. Il est pratiqué par les établissements métallurgiques et les administrations de chemins de fer. Les fours sont disposés de telle sorte que les gaz provenant de la distillation de la houille sont ramenés sur la sole du four avant de se rendre dans la cheminée de l'usine. Ces gaz y brûlent et la chaleur qu'ils dégagent dans leur combustion produit une économie notable de combustible.

On désigne sous le nom de *houilles agglomérées* ou *péras artificiels* des briques destinées au chauffage des locomotives et obtenues par le moulage sous pression d'un mélange de 90 parties de menu de houille et de 10 parties de *brai solide* ou résidu charbonneux provenant de la distillation des goudrons que fournit la fabrication du gaz d'éclairage.

256. Charbon de cornue. — On trouve sur les parois des cornues qui servent dans les usines à gaz à la distillation de la houille, un dépôt très dur de carbone à peu près pur. Il provient de la décomposition des carbures d'hydrogène qui se dégagent pendant l'opération; il conduit très bien l'électricité et sert dans la construction des piles de Bunsen. On l'emploie aussi dans les appareils d'éclairage électrique pour faire les électrodes entre lesquels jaillit l'arc lumineux.

CHARBON DE BOIS

257. Séché à l'air, le bois se compose, pour 100 parties, de :

Carbone...	38,48
Oxygène et hydrogène dans les proportions qui constituent l'eau.........................	35,42
Eau libre.....................................	25,00
Cendres......................................	1,10
	100,00

Le charbon de bois se fabrique par deux méthodes différentes :

1° *Procédé par distillation*. La calcination peut se faire dans des cornues en fonte, qui sont de véritables appareils distillatoires communiquant avec des réfrigérants où l'on recueille les produits volatils et condensables (vinaigre de bois, esprit de bois). On obtient environ 17 pour 100 de charbon;

2° *Procédé des meules*. La fabrication du charbon de bois peut se faire aussi par le procédé des *meules*. Pour cela, on dispose en meules, au milieu des forêts, les morceaux de bois qu'on veut carboniser. en ayant soin de ménager des canaux horizontaux aboutissant à une cheminée centrale (fig. 109); on recouvre la meule de feuilles, de mousse, de gazon, et enfin d'une couche de terre qui ne laisse libres que la cheminée et les ouvertures des canaux inférieurs. La cheminée est

ensuite remplie de bois enflammé. La combustion se
communique de proche en proche, et lorsque la fumée,
d'abord épaisse et noire, est devenue transparente et
d'un bleu clair, on bouche les ouvertures des canaux
ou *évents*. Lorsque tous les évents sont bouchés, la
combustion s'arrête peu à peu ; on recouvre la meule de

Fig. 109. — Fabrication du charbon de bois.

terre humide, et, au bout de vingt-cinq heures, la fabrication est terminée ; les bois employés de préférence
sont le chêne, le châtaignier, le pin, le charme, le hêtre,
l'érable, le bouleau, le tilleul, etc.

Un bon charbon de bois doit être léger, cassant et
sonore.

CHARBON ANIMAL OU NOIR ANIMAL

258. Le charbon qu'on désigne sous les noms de
charbon animal ou de *noir animal*, est le produit qu'on
obtient en calcinant des os en vase clos. Cette calcination
se fait par deux procédés principaux. Dans le premier,
qui est le plus ancien, on recueille les produits volatils
qui se dégagent dans la calcination des os (goudron, sels
ammoniacaux).

Après avoir concassé les os, on en retire la graisse.
Pour cela, on les introduit dans un vase en tôle, percé de

trous, qu'on descend dans une chaudière remplie d'eau bouillante. La graisse fond, et vient à la surface où elle est enlevée à l'aide d'écumoires.

Les os sont séchés à l'air, puis introduits dans des cornues C,C' (fig. 110), qui communiquent par un tube T avec des appareils B,F, destinés à condenser les produits volatils. On charge les os en enlevant les couvercles M, M'. Après la calcination, on retire les obturateurs H, H', et le noir animal fabriqué tombe dans les étouffoirs V et V'.

Aujourd'hui, la plus grande partie du noir animal se

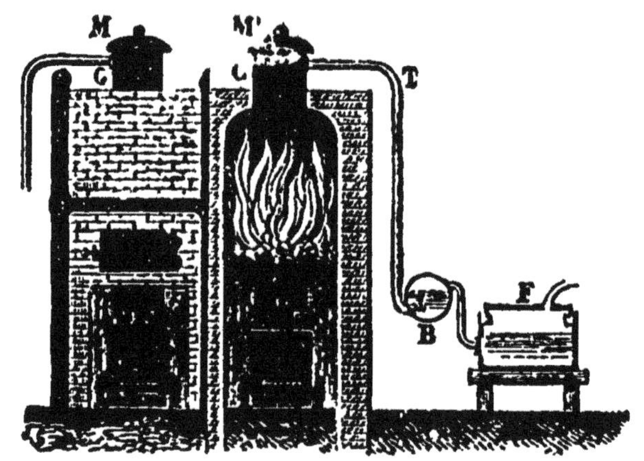

Fig. 110. — Fabrication du noir animal.

fabrique par un procédé qui laisse perdre les produits volatils, l'industrie du gaz et l'exploitation des eaux des fosses d'aisances fournissant ces produits au commerce en proportion considérable.

Les os sont introduits dans des pots qu'on superpose, de manière que le fond de l'un serve de couvercle à l'autre. Ces pots sont chauffés par les produits de la combustion de la houille qui passent dans le four. A mesure que la température s'élève, les gaz inflammables provenant de la décomposition des matières organiques se dégagent et se condensent dans une cheminée d'appel. Au bout de sept à onze heures, la calcination est terminée.

Le charbon, tel qu'il sort des pots, conserve la forme des os. On le broie dans des moulins, en cherchant à éviter autant que possible la production du

Fig. 111. — Fabrication du noir de fumée.

noir en poudre, qui a moins de valeur que le noir en grains.

259. Usages. — Le noir animal a un pouvoir décolorant considérable. On s'en sert pour la décoloration des sirops. Lorsqu'il a servi pendant un certain temps, il se trouve saturé de matières colorantes, et, pour pouvoir servir de nouveau, il doit subir un traitement de revivification qui lui rend ses propriétés.

NOIR DE FUMÉE

260. Le noir de fumée provient de la combustion incomplète de certaines matières carbonées; c'est le corps noir qui s'échappe d'une lampe qui *file*.

On distingue, dans le commerce, le noir de résine et le noir de houille, ou plutôt le goudron de houille.

On le fabrique en faisant brûler, en présence d'une quantité d'air insuffisante pour leur combustion complète, des goudrons, résines ou autres matières placés dans une capsule en fonte O (fig. 111), chauffée par le foyer F. Les fumées qui en résultent se rendent dans une chambre D, et se déposent sur ses parois. Un entonnoir mobile C permet de ramoner les parois de la chambre. On a perfectionné cette fabrication en forçant la fumée à traverser, soit des chambres disposées à la suite l'une de l'autre, soit des tubes en U renversé, faits en toile et réunis par des tuyaux métalliques.

261. Usages. — Le noir de fumée est employé pour la peinture et la fabrication des encres d'imprimerie. Mélangé avec 2/3 de son poids d'argile, il sert à faire les crayons noirs des dessinateurs.

PROPRIÉTÉS DU CARBONE

262. Propriétés physiques. — Quelle que soit son origine, le carbone est un corps inaltérable par la chaleur, sans odeur ni saveur. On a pu le ramollir et le volatiliser partiellement dans l'arc électrique. Il est insoluble dans tous les liquides, sauf la fonte de fer en fusion.

Sa conductibilité pour la chaleur et l'électricité varie avec sa provenance : la plombagine conduit très bien la chaleur et l'électricité. Tous les charbons artificiels préparés à une haute température jouissent de cette propriété.

263. Pouvoir absorbant du charbon. — Une des propriétés les plus curieuses du charbon, c'est l'action absorbante qu'il exerce sur les gaz. Si l'on introduit dans une éprouvette remplie de gaz ammoniac et reposant sur le mercure un morceau de braise, qu'on a chauffé au rouge pour chasser l'air renfermé dans ses pores, le gaz est absorbé par lui, et le mercure monte dans l'éprouvette qu'il remplit bientôt.

Les circonstances avec lesquelles varie le pouvoir absorbant du charbon montrent que le phénomène a de grandes analogies avec celui de la dissolution des gaz dans les liquides.

L'absorption des gaz par le charbon est d'autant plus grande que la température est plus basse, que la pression est plus considérable, que le gaz est plus soluble. Le pouvoir absorbant dépend aussi de la nature du charbon et de sa provenance. Le charbon d'os est celui qui jouit de cette propriété au plus haut degré. Viennent ensuite, rangés par ordre

Fig. 112. — Filtre à charbon.

d'absorption décroissante : le charbon de bois, la braise, le noir de fumée calciné, le coke. Ce qui précède explique l'augmentation de poids que subit le charbon exposé à l'air atmosphérique.

Les propriétés absorbantes du charbon le font souvent employer comme désinfectant. Les eaux qui contiennent des matières organiques en putréfaction exhalent une mauvaise odeur due aux gaz qui se forment dans la décomposition de ces matières. Il suffit, pour les désin

fecter, de les laisser en contact avec du charbon pulvérisé. Dans les campagnes, où l'on n'a souvent pour
boisson que l'eau des mares, souillée par la présence de
matières organiques, on peut la désinfecter par le moyen
suivant :

On place à la partie inférieure d'un tonneau, dont le
fond est percé de trous, des couches alternatives de
sable et de charbon en poussière. On descend ce tonneau
dans la mare jusqu'auprès de son ouverture supérieure
(fig. 112) et on l'y soutient,
soit au moyen de cordes,
soit en le faisant reposer sur de
grosses pierres; l'eau arrive
par les trous dont le fond est
percé, filtre à travers les couches de sable, sur lesquelles
elle laisse les matières en suspension qu'elle renferme, se
désinfecte sur les couches de
charbon, et l'on peut puiser
de l'eau potable à la partie supérieure du vase.

264. On trouve, dans le
commerce, des filtres destinés
à l'économie domestique, et
dans lesquels sont appliquées
d'une manière heureuse les
propriétés désinfectantes du charbon. Ils se composent
d'un vase en bois, grès ou métal, dont l'intérieur est
divisé en trois compartiments (fig. 113) par deux cloisons
horizontales. La première porte à son centre une tête
d'arrosoir E entourée d'une éponge; la seconde est
également percée de trous. Le second compartiment est
rempli par des couches alternatives de sable et de
charbon. L'eau versée dans la partie supérieure subit
une première filtration sur l'éponge, passe dans A, où
elle est filtrée sur le sable et désinfectée sur le charbon.

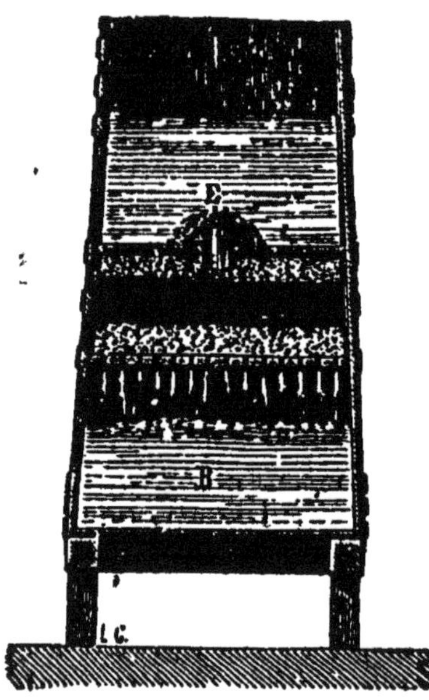

Fig. 113. — Filtre domestique.

Elle arrive de là dans la partie B, d'où elle peut sortir par le robinet.

Ces filtres, quoique pouvant rendre de grands services, sont loin de valoir les filtres Chamberland que nous avons décrits (87). Ils ne produisent, au point de vue hygiénique, qu'une filtration imparfaite. Ils laissent passer les germes infectieux, et peuvent même être une source d'infection. Au bout d'un certain temps, les matières organiques qu'ils ont arrêtées peuvent entrer en putréfaction et empoisonner l'eau.

Le charbon est aussi employé pour prévenir la putréfaction des viandes. Il suffit de les enfouir dans du poussier de charbon, qui les garantit d'abord du contact de l'air et qui, en absorbant les gaz putrides à mesure qu'ils se produisent, empêche le développement de la putréfaction. Lorsqu'on sort les viandes du poussier, il suffit de les arroser d'eau fraîche.

Le pouvoir absorbant du charbon s'exerce aussi sur les matières colorantes, comme nous l'avons vu à propos du noir animal. Il est appliqué à la décoloration des sirops, du miel, etc. Dans cette absorption, la matière colorante n'est pas détruite, mais seulement condensée dans les pores du charbon.

265. Propriétés chimiques du carbone. — Le carbone chauffé en présence de l'oxygène, à l'air par exemple, s'unit à l'oxygène et brûle sans résidu solide.

Le carbone se combine au rouge avec le soufre pour former du sulfure de carbone (CS^2), corps analogue à l'anhydride carbonique (CO^2).

Quand on fait jaillir l'arc voltaïque entre deux baguettes de charbon de cornue plongées dans une atmosphère d'hydrogène, le carbone se combine à l'hydrogène, et il se produit de l'acétylène (C^2H^2), comme l'a fait voir M. Berthelot.

Le charbon est un réducteur énergique.

Si l'on fait passer un courant de vapeur d'eau sur du charbon chauffé au rouge vif dans un tube de porcelaine, il se dégage de l'hydrogène et de l'oxyde de carbone :

$$C + H^2O = CO + 2H$$

Charbon.   Eau.   Oxyde   Hydrogène.
de carbone.

Il se dégage aussi un peu de gaz carbonique, parce que la température n'est pas également élevée en tous les points du tube, et qu'au rouge sombre la réaction est la suivante :

$$C + 2H^2O = CO^2 + 4H$$

Charbon.   Eau.   Anhydride   Hydrogène.
carbonique.

C'est en raison de la décomposition de l'eau par le charbon porté au rouge et de la production de gaz combustibles, hydrogène et oxyde de carbone, que les forgerons aspergent d'un peu d'eau la houille de leur foyer : la combustion se trouve activée.

Le charbon exerce aussi son pouvoir réducteur sur les oxydes métalliques, comme nous le verrons en étudiant ces corps. Suivant que la réduction se fait à une température plus ou moins élevée, il se produit de l'oxyde de carbone ou de l'anhydride carbonique. Cette propriété est souvent utilisée dans la métallurgie.

266. Carbures métalliques. — Lorsque la réduction d'un oxyde métallique se fait à une température élevée, il peut arriver que le carbone se combine au métal, mis en liberté ; c'est ainsi que dans les hauts fourneaux la réduction de l'oxyde de fer produit, non du fer pur, mais de la *fonte*, c'est-à-dire une combinaison de fer et de charbon.

L'oxyde salin de manganèse Mn^3O^4, réduit par le charbon à une haute température, produit un carbure de manganèse cristallisé.

L'invention du four électrique, par M. Moissan, a permis de fondre plusieurs corps regardés comme infusibles ; d'obtenir le diamant artificiel sous forme de petits cristaux ; de produire le *carborundum*, sorte de carbone silicié, remarquable par sa dureté, et utilisé pour le polis-

sage de diverses substances; enfin de réduire un certain
nombre d'oxydes jusque-là réfractaires, et d'obtenir les
carbures correspondants, par exemple ceux de baryum,
de strontium, d'aluminium, et le plus important d'entre
eux par ses applications : le *carbure de calcium*.

Le four électrique se compose d'un bloc de pierre calcaire cerclé C (fig. 114), dans lequel on a creusé une cavité
destinée à recevoir soit les corps à fondre, soit des creusets en charbon de cornue, où l'on met les substances qui

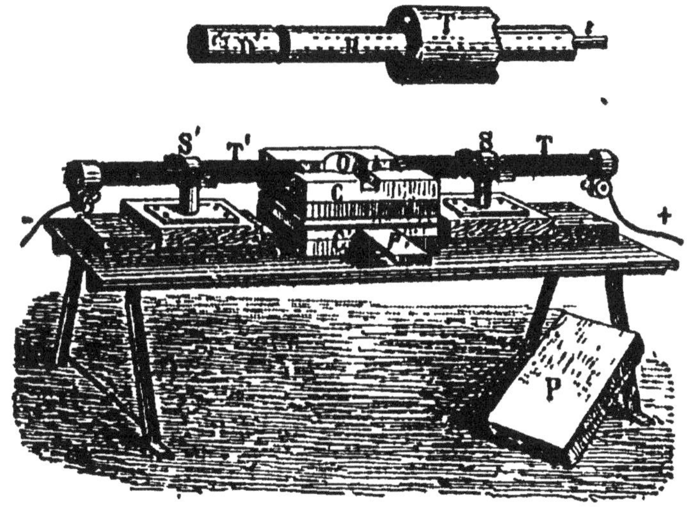

Fig. 114. — Four électrique.

doivent entrer en réaction. Le tout est recouvert d'un
autre bloc qu'on voit en P. Dans la cavité arrivent
deux baguettes de charbon de cornue T, T', soutenues
par des supports S, S' qui sont en communication avec les
pôles d'une puissante dynamo. L'arc voltaïque jaillit
entre les deux baguettes et échauffe le four.

Pour préparer le carbure de calcium, on introduit dans
le four un mélange de chaux vive et de charbon, et l'on
fait jaillir l'arc. Sous l'influence de la chaleur dégagée, le
charbon réduit la chaux (oxyde de calcium), et une partie
du charbon se combine avec le calcium en formant du
carbure de calcium CaC^2.

Le carbure de calcium se présente sous la forme de fragments grisâtres très durs qui tombent en poussière à l'air, en absorbant la vapeur d'eau atmosphérique. La propriété la plus importante de ce corps est de décomposer l'eau en produisant de l'acétylène, gaz très employé aujourd'hui pour l'éclairage.

267. *Expériences simples.* — Montrer des échantillons des différents charbons.

Mélanger du noir animal avec du vin rouge; agiter, puis filtrer : le vin passe incolore.

On peut répéter cette expérience sur de l'eau croupie ou du purin : le liquide passe incolore et inodore.

Mélanger du noir de fumée avec de l'oxyde de cuivre, et chauffer dans un tube à essais : l'oxyde est réduit et le mélange devient rougeâtre par suite de la présence de cuivre. On peut fermer le tube à essais par un bouchon traversé d'un tube qui plonge dans de l'eau de chaux; celle-ci se trouble par suite du dégagement de gaz carbonique qui forme du carbonate de calcium insoluble.

Écraser la flamme d'une bougie avec une assiette : il se dépose du noir de fumée. On obtiendra ce corps abondamment, en faisant brûler de l'essence de térébenthine dans un creuset.

CHAPITRE XXII

Oxyde de carbone. — Anhydride carbonique. — Sulfure de carbone. — Acide cyanhydrique.

OXYDE DE CARBONE

Formule : CO. — Poids moléculaire = 28.

268. Préparation. — On prépare ordinairement l'oxyde de carbone en décomposant l'acide oxalique par l'acide sulfurique concentré :

$$C^2O^4H^2 \quad = \quad CO^2 \quad + \quad CO \quad + \quad H^2O$$

| Acide oxalique. | Anhydride carbonique. | Oxyde de carbone. | Eau. |

L'eau produite est retenue par l'acide sulfurique, et il se dégage un mélange des deux gaz, oxyde de carbone et anhydride carbonique.

La réaction se fait dans un ballon B (fig. 115). Le mélange des deux gaz passe dans un flacon L, contenant une dissolution de potasse, qui arrête le gaz carbonique. L'oxyde de carbone se dégage seul dans l'éprouvette E.

269. Propriétés physiques. — L'oxyde de carbone est un gaz incolore, sans odeur, et dépourvu de saveur. Sa densité est 0,967 : un litre de ce gaz à 0 degré et à 760 millimètres, pèse 1 gr. 258. M. Cailletet l'a liquéfié en détendant brusquement le gaz comprimé à 300 atmosphères et à la température de — 29 degrés. Il est peu soluble dans l'eau. 1 litre d'eau à 0 degré dissout 35 centimètres cubes de gaz, et 25 centimètres cubes à 15 degrés.

270. Propriétés chimiques. — L'oxyde de carbone

est combustible, et brûle avec une flamme bleue en se transformant en anhydride carbonique :

$$CO + O = CO^2.$$

Il est neutre à la teinture de tournesol, et ne trouble pas l'eau de chaux.

L'oxyde de carbone est un réducteur énergique; à chaud, il décompose la plupart des oxydes métalliques;

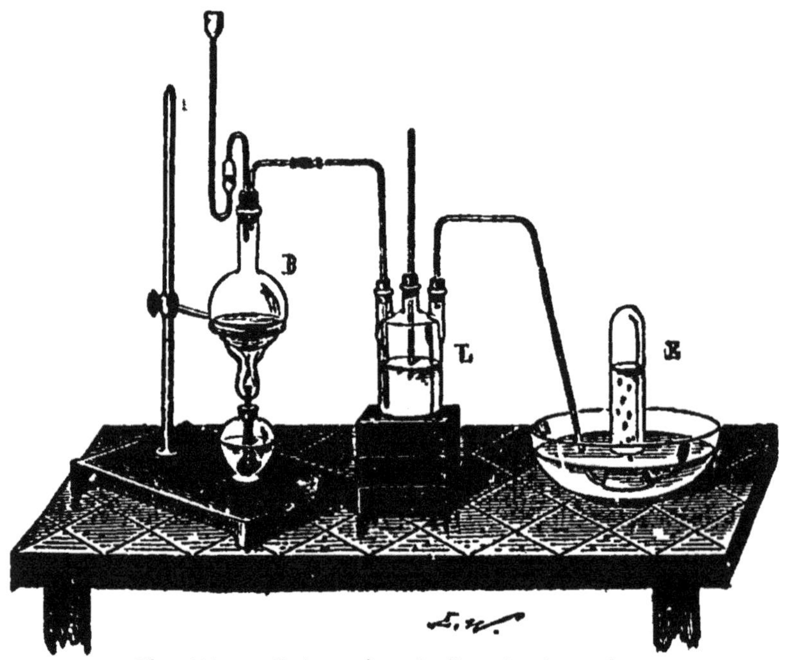

Fig. 115. — Préparation de l'oxyde de carbone.

aussi joue-t-il un rôle important en métallurgie. Il est utilisé comme combustible industriel, dans la préparation de l'acier par le procédé Siemens-Martin.

L'oxyde de carbone est un poison violent. Ses effets sont d'autant plus à craindre, qu'étant inodore ce gaz ne manifeste sa présence que par ses terribles effets sur l'économie. Il agit en paralysant l'action des globules sanguins, ce qui supprime par suite les échanges gazeux. L'empoisonnement par l'oxyde de carbone est ordinairement précédé de violents maux de tête, de vertiges et de vomissements. Lorsque ces symptômes se manifes-festent, il suffit alors d'ouvrir les portes et les fenêtres, et de respirer un air pur, pour arrêter les effets du poison.

ANHYDRIDE CARBONIQUE

Formule : CO^2. — Poids moléculaire = 44.

271. Préparation de l'anhydride carbonique. — On prépare l'anhydride carbonique en décomposant un carbonate, comme le *carbonate de calcium*, par un acide. L'acide ordinairement employé est l'acide chlorhydrique.

L'équation suivante exprime cette réaction :

$$CO^3Ca \quad + \quad 2HCl \quad = \quad CO^2 \quad + \quad CaCl^2 \quad + \quad H^2O$$

| Carbonate | Acide | Anhydride | Chlorure | Eau. |
| de calcium. | chlorhydrique. | carbonique. | de calcium. | |

Cette préparation se fait dans un flacon à deux tubu-

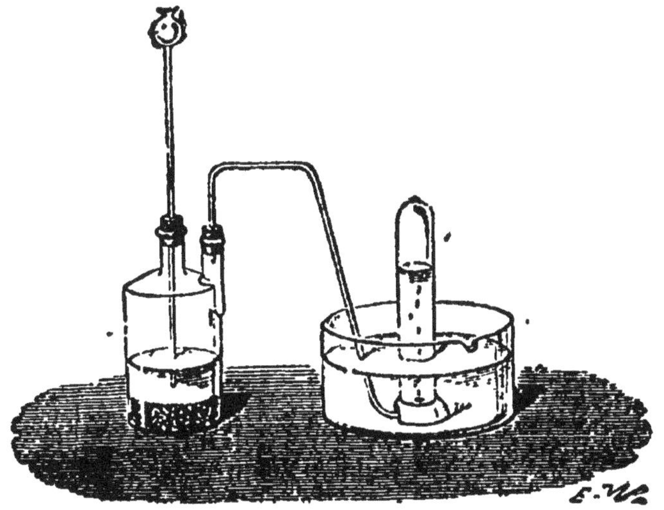

Fig. 116. — Préparation de l'acide carbonique.

lures (fig. 116), où l'on introduit de la craie, de l'eau et de l'acide chlorhydrique.

272. Propriétés physiques. — L'anhydride carbo-nique est un gaz incolore, d'odeur piquante, doué d'une saveur sucrée et aigrelette. Il se liquéfie par la pression. A 0 degré, la pression nécessaire à sa liquéfaction est de 30 atmosphères; à 15 degrés, elle est de 50 atmosphères.

L'anhydride carbonique liquide se vaporise très rapidement à l'air, avec absorption d'une grande quantité de chaleur. On utilise dans un appareil spécial le refroidissement ainsi produit, pour solidifier une partie du gaz liquéfié. L'anhydride carbonique solide se présente sous forme de cristaux ayant l'aspect de la neige.

On se sert de la neige d'anhydride carbonique solide pour produire de grands froids; seule, elle ne détermine pas un refroidissement bien considérable, parce qu'elle ne mouille pas les corps; mais, quand on y ajoute un peu d'éther, le contact devient parfait; l'anhydride carbonique, en s'évaporant, prend aux corps qui sont en contact avec lui une grande quantité de chaleur, et abaisse la température à — 79 degrés.

Le mélange d'anhydride carbonique solide et d'éther, placé dans un récipient où l'on fait le vide, abaisse la température à 110 degrés au-dessous du zéro.

L'anhydride carbonique gazeux est soluble dans l'eau, qui en dissout son volume à la température de 15 degrés. Sa densité est 1,529; un litre de ce gaz à 0 degré et à 760 millimètres pèse 1 gr. 97.

On peut montrer que l'anhydride carbonique est plus lourd que l'air, par une expérience analogue à celle que nous avons faite pour montrer la légèreté de l'hydrogène (72). Sur une éprouvette remplie d'anhydride carbonique et tenue l'ouverture en haut, on place une éprouvette de même diamètre, contenant de l'air. On renverse le tout, et quelques minutes après on constate, au moyen d'une allumette enflammée qui s'éteint, que le gaz carbonique est descendu dans l'éprouvette inférieure.

L'anhydride carbonique étant plus lourd que l'air, on peut le siphonner comme les liquides. Plaçons sur une table un flacon contenant de l'anhydride carbonique, sur le plancher un autre flacon plein d'air, et faisons communiquer ces deux flacons par un tube de verre ou de caoutchouc, formant siphon. Si l'on amorce le siphon en aspirant par le tube jusqu'à ce qu'on ressente la saveur aigrelette du gaz, l'écoulement se continue, et tout le gaz passe dans le flacon inférieur, ce que l'on

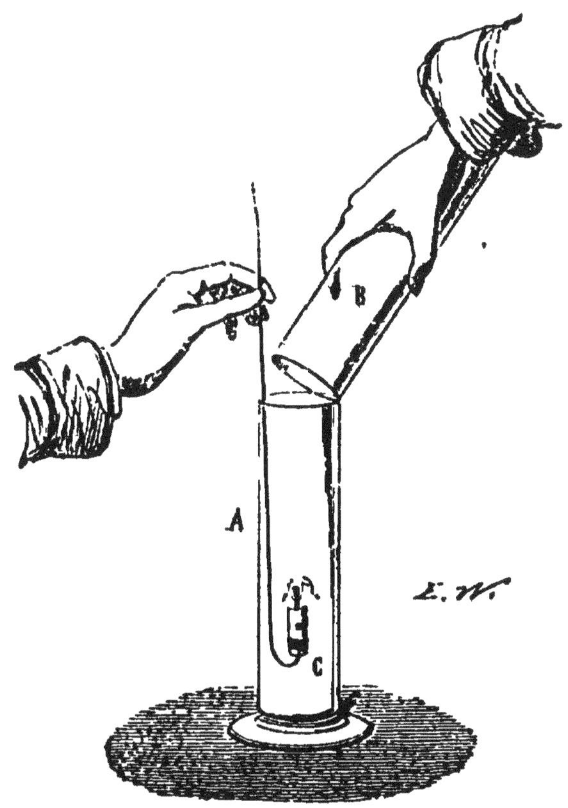

Fig. 117. — L'anhydride carbonique n'entretient pas la combustion.

constate en y plongeant une allumette enflammée, qui s'éteint.

273. Propriétés chimiques. — L'anhydride carbonique, en effet, n'entretient pas la combustion. Tout corps, capable de brûler dans l'air et qu'on enflamme, s'éteint dès qu'on le plonge dans ce gaz. Si l'on place une bougie allumée au fond d'une éprouvette à pied A (fig. 117), et qu'on incline au-dessus d'elle une éprouvette B remplie d'anhydride carbonique, le gaz, en vertu de sa grande densité, tombe au fond de l'éprouvette A et bientôt éteint la bougie.

L'anhydride carbonique n'entretient pas non plus la respiration des animaux. Un oiseau introduit dans une cloche remplie de ce gaz y tombe bientôt asphyxié. Son action sur l'économie explique les malaises qu'on éprouve dans un appartement dont l'atmosphère est chargée d'anhydride carbonique. Cependant ce gaz n'est pas vénéneux, car il existe en dissolution dans l'eau naturelle, et en plus grande proportion dans l'eau de Seltz.

L'anhydride carbonique n'est pas combustible. Il trouble l'eau de chaux en y formant un précipité de carbonate neutre de calcium, qu'on peut dissoudre par un excès de gaz carbonique.

L'anhydride carbonique est décomposé par le charbon, et ramené par lui à l'état d'oxyde de carbone.

On le démontre en faisant passer le gaz carbonique produit par le flacon A (fig. 118) dans un tube TT rempli de braise et traversant un fourneau F, où il est porté au rouge. A l'extrémité de l'appareil, on recueille dans une éprouvette E un gaz brûlant avec une flamme bleue : c'est de l'oxyde de carbone.

274. Origine de l'anhydride carbonique contenu dans l'air atmosphérique. — La respiration des animaux, la calcination des carbonates (fabrication de la chaux), les combustions qui constituent nos moyens de chauffage et d'éclairage, la décomposition des matières organiques, les phénomènes désignés sous le nom de *fermentations*, les volcans en activité, les eaux minérales bicarbonatées, l'eau des mers (280), sont autant de sources d'anhydride carbonique. Ce gaz se dégage d'ailleurs des fissures du sol en certains endroits, des parois de certaines grottes, de certaines cavités souterraines, puits ou caves.

Il y a, aux environs de Naples, une grotte dite *Grotte*

du Chien, dans laquelle un chien de moyenne grandeur meurt asphyxié s'il y reste un temps suffisant, tandis que l'homme n'y court aucun danger. Cela tient à ce que, par les fissures du sol, se dégage de l'anhydride carbonique, qui, en vertu de sa grande densité, reste à la partie inférieure de la grotte et y forme une couche où les chiens se trouvent plongés, tandis que l'homme la laisse au-dessous de lui.

Lorsqu'on prévoit qu'une cavité où l'on a besoin de pénétrer peut être remplie d'anhydride carbonique, il

Fig. 118. — Décomposition de l'anhydride carbonique par le charbon.

faut y introduire une bougie allumée : si la bougie s'éteint, ou même si la flamme pâlit, il y a danger d'asphyxie.

Le moyen le plus simple d'assainir une atmosphère viciée par la présence du gaz carbonique est de créer artificiellement un courant d'air. Par exemple, s'il s'agit d'un puits, on pourra élever et abaisser plusieurs fois de suite, et le plus rapidement possible, une fascine, une botte de paille, ou même un parapluie qui se fermera en descendant et s'ouvrira en montant. Si l'espace est de faible capacité, on peut encore y introduire des bases comme la potasse, la chaux, qui forment avec l'anhydride carbodique des carbonates.

Malgré les causes nombreuses de la production d'anhydride carbonique, la proportion de ce gaz, dans l'atmosphère, est sensiblement constante (179); nous verrons plus loin (280) les causes qui expliquent cette constance.

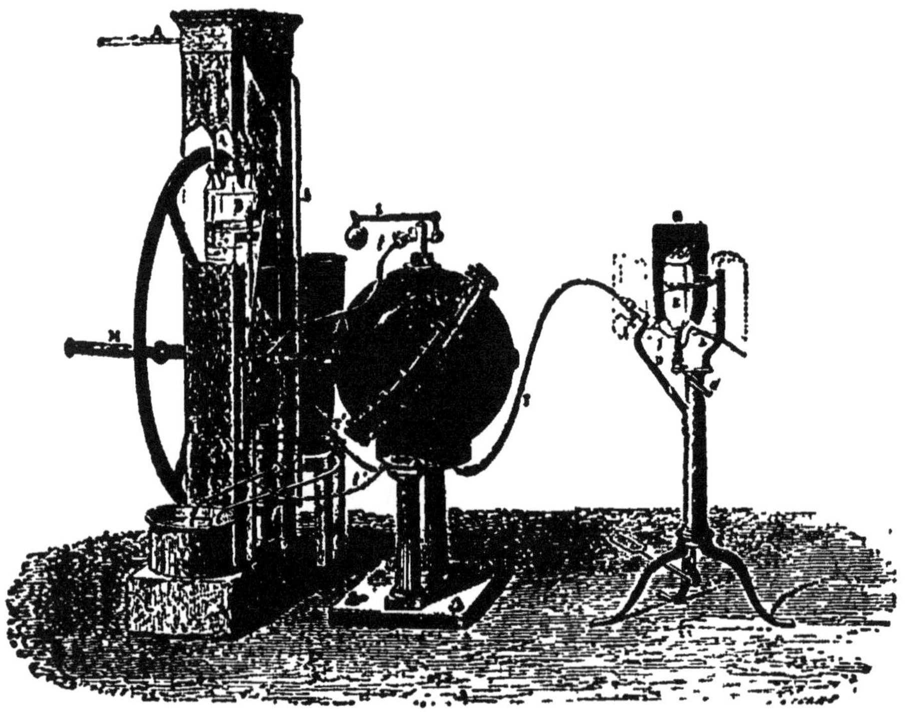

Fig. 119. — Appareil pour la préparation des eaux gazeuses.

275. Usages et applications de l'anhydride carbonique. — La plus importante application de l'anhydride carbonique est celle qu'on en fait à la fabrication des eaux de Seltz artificielles et des limonades gazeuses. Cette fabrication repose sur la solubilité croissante de l'anhydride carbonique avec la pression.

Dans l'industrie, les eaux gazeuses sont fabriquées avec des appareils dont la construction est assez variable. Nous décrirons sommairement le suivant.

La pompe aspirante et foulante P (fig. 119) aspire le

gaz dans le réservoir par le tube A. Le gaz se lave dans le flacon B, qui sert aussi de flacon témoin destiné à montrer la marche de l'opération; l'eau qu'on veut rendre gazeuse est en même temps aspirée par le tube T, qui plonge dans le réservoir V. Le mélange de gaz et d'eau se fait dans la pompe, qui le refoule dans la sphère creuse et résistante R. Cette sphère est munie d'un manomètre et d'une soupape de sûreté.

Lorsqu'elle est remplie d'eau gazeuse, on procède à l'embouteillage, qui se fait ordinairement dans des vases appelés *siphons*. Ces siphons sont en verre épais et résistant et portent, à leur partie supérieure, une tubulure à laquelle on adapte un appareil de fermeture permanente en étain. Cette garniture en étain porte un tube plongeur *t* (fig. 120) qui descend dans l'eau du siphon, et qui peut être fermé et mis en communication avec l'extérieur à l'aide d'une soupape B que fait jouer le levier A.

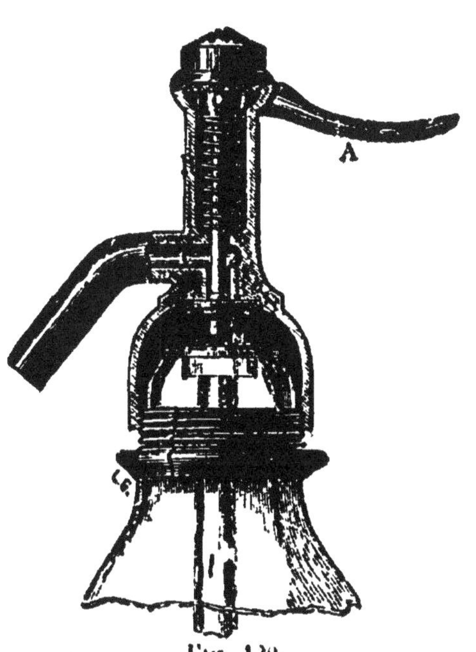

Fig. 120.
Tête de siphon à eau de Seltz.

Pour procéder à l'embouteillage, on renverse le siphon E (fig. 119), qui est vide, et l'on introduit le bec *t* dans l'ajutage qui termine le tuyau T″ communiquant avec le réservoir. Le siphon est d'ailleurs fixé sur un support, et rendu fixe par le jeu d'une pédale que montre la figure. A l'aide du levier L, on soulève le levier du siphon, de manière à ouvrir celui-ci. Puis, se servant d'un robinet à deux voies I, on fait arriver l'eau gazeuse, qui s'élève par le tube de verre que renferme le siphon. Quand il est rempli aux trois quarts, on ouvre dans un autre sens le robinet I, de manière à laisser échapper la plus grande partie du gaz libre qui se trouve dans le siphon, puis on achève le remplissage.

Quand on veut extraire l'eau de ce vase, on appuie (fig. 120 et 121) sur le levier A du siphon; la soupape B s'abaisse et met en communication l'espace M, où l'eau est poussée par la pression intérieure, avec le conduit C par lequel elle sort de l'appareil. Dès qu'on cesse d'appuyer sur le levier A, le ressort à boudin que montre

Fig. 121. — Siphon à eau de Seltz.

la figure 120 ramène la soupape dans sa position primitive, et le liquide cesse de jaillir. Au moment où le liquide sort, de nombreuses bulles gazeuses se dégagent au milieu de l'eau et montent à la partie supérieure. Ce dégagement continue encore quelque temps après qu'on a cessé d'extraire de l'eau. Cela provient de ce qu'au moment où le niveau du liquide baisse dans le siphon, le gaz carbonique, qui se trouve au-dessus de lui, se répand dans un plus grand volume; sa pression diminue et devient insuffisante pour maintenir dissous tout le gaz que renferme l'eau. Mais ces bulles gazeuses s'accumulant dans la partie supérieure du siphon, la pression augmente et devient suffisante pour maintenir dissous le gaz que l'eau renferme encore. Aussi le dégagement diminue-t-il peu à peu, et cesse-t-il même tout à fait, pour recommencer lorsqu'on ouvrira de nouveau le siphon.

276. On emploie, dans les usages domestiques, des appareils qui permettent de préparer soi-même les eaux gazeuses. Le plus connu de ces appareils est l'appareil

Briet. Il se compose de deux vases A et B (fig. 122) en verre résistant, garnis d'une monture en étain qui permet de les visser l'un sur l'autre. Pour préparer la solution, on met dans le vase A de l'acide tartrique et du bicarbonate de sodium, qui, à sec, ne réagissent pas l'un sur l'autre, mais qui, en présence de l'eau, donnent un dégagement de gaz carbonique. Puis on adapte le bouchon métallique creux H, percé de trous sur sa surface latérale, et terminé, à sa partie supérieure, par une plaque d'argent criblée de trous. Ce bouchon laisse d'ailleurs passer un tube T, qui s'élève au-dessus de A. Le vase B, retourné sur son pied, est rempli d'eau; on renverse A sur lui en y introduisant le tube T; on visse et l'on remet l'appareil dans la position de la figure. L'eau du vase B s'écoule par le tube dans A, jusqu'à ce que l'ouverture supérieure du tube T soit hors du liquide. Cette petite quantité d'eau, arrivant sur le mélange des poudres, produit le dégagement d'anhydride carbonique. Le gaz monte dans la partie supérieure B et s'y dissout. Le liquide est extrait par le robinet R, qui communique avec le vase B seulement.

Fig. 122.
Appareil Briet.

Cet appareil est ordinairement entouré d'un treillage en jonc qui, en cas de rupture, s'opposerait à la projection des fragments de verre.

277. L'anhydride carbonique liquéfié est aujourd'hui l'objet d'une fabrication industrielle.

Le gaz est préparé par l'action de l'acide chlorhydrique sur la craie; il est lavé et épuré, puis repris par des pompes à gaz, ou *compresseurs*, et livré sous une pression de 60 atmosphères à un appareil appelé *condenseur*, où il se liquéfie. Ce condenseur est un grand cylindre en tôle contenant sept serpentins de grande longueur. Le gaz refoulé par les compresseurs parcourt ces serpentins en sens inverse d'un courant d'eau qui circule extérieurement, et est destiné à absorber la chaleur dégagée par la liquéfaction du gaz. Ces serpentins peuvent être reliés par un tube flexible à des ovules en fer (*sparklets*) qui serviront à transporter l'anhydride carbonique liquéfié.

Les applications de l'anhydride carbonique liquide sont très nombreuses. Il sert dans la fabrication artificielle de la glace, comme le gaz sulfureux dans les appareils Pictet, et l'ammoniaque dans les appareils Carré. L'industrie de la brasserie emploie aussi l'anhydride carbonique liquide, pour saturer de gaz les bières d'exportation.

Jusqu'ici, dans les cafés, on se servait d'air comprimé pour faire monter la bière, depuis la cave où se trouvaient les fûts jusqu'aux salles où un robinet les distribuait. On se sert aujourd'hui de l'anhydride carbonique liquide pour la saturation de la bière, pour sa mise en bouteilles et pour le débit des liquides. Il suffit de réunir le fût à l'un des cylindres à anhydride carbonique, au moyen d'un tube à robinet. Le liquide carbonique se volatilise et se transforme en gaz. Sous l'influence de la pression que le gaz exerce, la bière se sature d'anhydride carbonique et se trouve chassée dans un réservoir, d'où elle est distribuée dans des bouteilles ou dans les salles de consommation.

On applique aussi l'anhydride carbonique liquide à la fabrication des eaux gazeuses, et à la formation d'un milieu antiseptique propre à la conservation des substances alimentaires.

278. Acide carbonique. Carbonates. — Si l'on fait arriver du gaz carbonique dans de la teinture de tournesol, celle-ci se colore en rouge vineux. Pour expliquer cette réaction acide, on admet qu'en présence de l'eau l'anhydride carbonique forme l'acide carbonique CO^3H^2; ce composé ne peut être isolé, mais il existe dans la dissolution de gaz carbonique, puisque cette dissolution jouit de propriétés acides.

L'acide carbonique est bibasique et engendre les *carbonates*. Avec les métaux monovalents, il peut former deux sortes de sels : avec le potassium et le sodium, il forme :

les carbonates neutres : CO_3K_2 et CO_3Na_2,
et les carbonates acides : CO_3KH et CO_3NaH.

Avec les métaux divalents, l'acide carbonique ne forme que des sels neutres ; tels sont :

le carbonate de calcium : CO_3Ca,
—   magnésium : CO_3Mg,
—   fer : $CO_3Fé$,
—   cuivre : CO_3Cu, etc.

279. Propriétés des carbonates. — Les carbonates sont des sels solides ; sauf ceux de potassium et de sodium, les carbonates sont tous décomposables par la chaleur, et donnent lieu à un dégagement de gaz carbonique. Ce dégagement a lieu également quand on traite les carbonates par un acide : il se produit une vive effervescence, caractéristique de ces composés.

Les carbonates sont insolubles dans l'eau, à l'exception des carbonates de potassium, de sodium et d'ammonium. Cependant le carbonate de calcium, insoluble dans l'eau pure, se dissout dans l'eau chargée de gaz carbonique; il en résulte que, si cette eau perd le gaz qu'elle tenait en dissolution, le carbonate se dépose et recouvre les objets qu'on y plonge : tel est le cas des sources dites *incrustantes* ou *pétrifiantes*, comme celle de Saint-Allyre, à Clermont-Ferrand : lorsqu'on fait couler les eaux de cette source sur des objets solides, comme des morceaux de bois, des grappes de raisin, des nids d'oiseaux, etc., elles les recouvrent d'une couche de calcaire qui leur donne l'aspect de la pierre.

Le même phénomène explique la formation des *stalactites* et des *stalagmites* qu'on rencontre dans certaines grottes (fig. 123). Il arrive souvent que les stalactites et les stalagmites superposées se rejoignant, forment des espèces de colonnes rétrécies en leur milieu.

280. Causes qui expliquent la constance de la proportion d'anhydride carbonique dans l'air. — La solubilité du carbonate de calcium dans l'eau chargée de gaz carbonique et la transformation de ce carbonate en bicarbonate de calcium soluble en présence d'un excès de gaz carbonique expliquent le fait de la constance de ce

Fig. 123. — Intérieur d'une grotte avec stalactites et stalagmites.

gaz dans l'atmosphère, malgré les causes incessantes de sa production : si la tension de l'anhydride carbonique augmente dans l'air, l'eau de la mer en dissout une plus grande quantité et le carbonate de calcium passe à l'état de bicarbonate ; au contraire, si cette tension diminue, le bicarbonate se décompose par suite du phénomène de *dissociation*, et il y a production d'une certaine quantité de gaz carbonique qui rétablit l'équilibre. C'est donc l'eau de la mer qui joue le rôle de régulateur de la quantité de gaz carbonique de l'atmosphère,

Il faut encore citer, parmi les causes de disparition de l'anhydride carbonique dans l'air, l'activité physiologique de certains animaux et des plantes vertes. Le bicarbonate de calcium dissous est utilisé par beaucoup d'animaux (crustacés, mollusques, éponges calcaires, coralliaires, protozoaires) pour former leur carapace ou leur coquille. D'autre part, les plantes, sous l'influence de la lumière solaire, absorbent par leurs feuilles l'anhydride carbonique de l'air ; elles le décomposent en carbone qui est fixé dans le végétal, et en oxygène qui est rejeté (*fonction chlorophyllienne*).

SULFURE DE CARBONE

Formule : CS^2. — Poids moléculaire $= 76$.

281. Le soufre se combine avec plusieurs métalloïdes ; nous avons déjà étudié quelques-unes des combinaisons qu'il forme avec l'oxygène ; il en est une autre, formée avec le carbone, qui présente une certaine importance : c'est le *sulfure de carbone*.

282. **Préparation.** — On l'obtient, dans les laboratoires, de la manière suivante. On pose sur un fourneau légèrement incliné (fig. 124), un tube TT en porcelaine, rempli de braises concassées, et communiquant par une allonge A avec un flacon R, dans lequel se trouve de l'eau, et qui plonge lui-même dans un vase C plein d'eau froide. On porte le tube au rouge, et l'on y introduit, de temps en temps, des morceaux de soufre, en ayant soin, après chaque introduction, de le fermer avec le bouchon *i*. Le soufre et le charbon se combinent ; le sulfure de carbone distille, et va se condenser au fond de l'eau que contient le flacon R.

283. **Propriétés.** — Le sulfure de carbone est un liquide incolore, très mobile, d'une odeur agréable quand il est pur ; sa densité à 0 degré est 1,271. Il se

vaporise très rapidement à l'air, en produisant un froid intense : quand on active son évaporation à l'aide de la machine pneumatique, la température peut s'abaisser jusqu'à 60 degrés au-dessous de zéro.

Il ne se solidifie qu'à 116 degrés au-dessous de zéro. Aussi peut-on s'en servir pour construire des thermo-

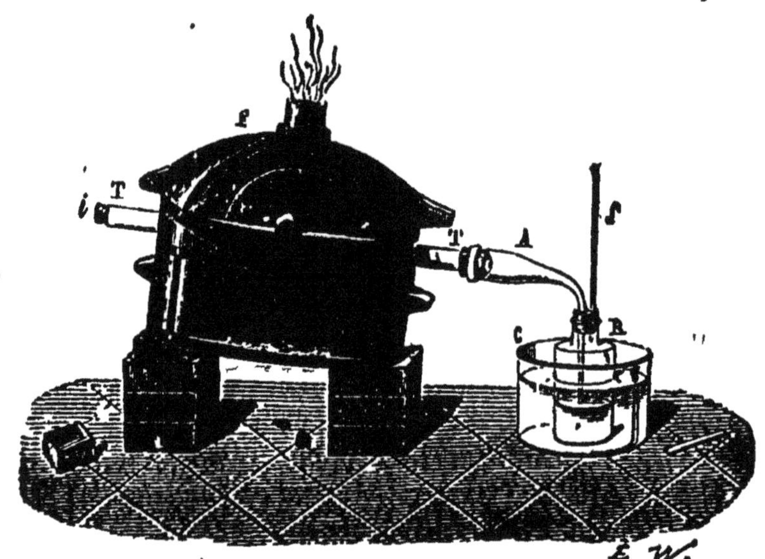

Fig. 124. — Préparation du sulfure de carbone.

mètres destinés à observer des températures très basses.

Le sulfure de carbone est capable de dissoudre beaucoup de soufre, surtout à chaud; il dissout l'iode, le phosphore blanc, le caoutchouc et les matières grasses.

Il est peu soluble dans l'eau, qui forme avec lui plusieurs hydrates.

Le sulfure de carbone se décompose, sous l'influence de la chaleur, en soufre et en carbone.

Il est combustible, brûle avec une flamme bleue, et produit par sa combustion de l'anhydride sulfureux et de l'anhydride carbonique.

$$CS_2 \quad + \quad 6O \quad = \quad CO_2 \quad + \quad 2SO_2$$

Sulfure de carbone.	Oxygène.	Anhydride carbonique.	Anhydride sulfureux.

La vapeur de sulfure de carbone mélangée à l'air ou à l'oxygène détone violemment quand on en approche la flamme d'une bougie.

Les vapeurs de sulfure de carbone exercent sur l'économie une influence nuisible : elles produisent des maux de tête, dépriment l'intelligence et les forces musculaires.

Le sulfure de carbone est souvent appelé *anhydride sulfocarbonique*, parce qu'il forme, avec les sulfures alcalins, des sulfocarbonates, qui ne diffèrent des carbonates, comme composition, qu'en ce que l'oxygène y est remplacé par du soufre.

284. Usages. — Le sulfure de carbone a de nombreuses applications.

Son pouvoir dissolvant pour les matières grasses le fait employer à l'extraction du suint des laines, à celle des corps gras qui se trouvent dans les résidus de la fonte des suifs, dans les résidus de la fabrication des huiles, dans les chiffons gras qui ont servi au nettoyage des machines.

Une dissolution de soufre et de chlorure de soufre dans le sulfure de carbone sert à *vulcaniser* le caoutchouc, c'est-à-dire à l'empêcher de durcir.

Le sulfure de carbone est employé, soit seul, soit à l'état de sulfocarbonate de potassium, pour combattre le phylloxera.

On se sert encore du sulfure de carbone pour purifier le phosphore rouge, et dissoudre le phosphore blanc qui a échappé à la transformation.

CYANOGÈNE. — ACIDE CYANHYDRIQUE

285. Cyanogène : C^2Az^2 ou Cy^2. — Le cyanogène a été découvert, en 1813, par Gay-Lussac, qui montra ses analogies avec le chlore, le brome et l'iode. Cette découverte donna le premier exemple d'un corps composé jouant le rôle d'un corps simple. Le cyanogène est un gaz incolore, doué d'une odeur pénétrante. Sa densité est 1,806. Il est soluble dans l'eau, et a pu être liquéfié. Il est inflammable, et brûle avec une belle flamme pourpre, en produisant de l'azote et de l'anhydride carbonique. Il forme, avec l'hydrogène, un acide dit *acide cyanhydrique* ou *acide prussique*, qui est le poison le plus violent qu'on connaisse.

Avec l'oxygène, il forme l'*acide cyanique*; avec les métaux, il donne des *cyanures*. Son action est surtout énergique avec le potassium et le sodium.

286. Acide cyanhydrique : HCAz ou HCy. — On prépare l'acide cyanhydrique en chauffant dans une cornue tubulée un mélange de cyanure de mercure et d'acide chlorhydrique concentré :

$$\text{HgC}^2\text{Az}^2 \quad + \quad 2\text{HCl} \quad = \quad \text{HgCl}^2 \quad + \quad 2\text{HCAz}$$

| Cyanure de mercure. | Acide chlorhydrique. | Chlorure mercurique. | Acide cyanhydrique. |

L'acide cyanhydrique est un liquide incolore; très mobile, d'une densité égale à 0,697 à 18 degrés. Il bout à + 26°,5 et se solidifie à — 14 degrés. Il a une odeur vive et pénétrante, qui rappelle celle de l'eau de laurier-cerise. La lumière altère l'acide cyanhydrique et le transforme en une matière solide. La présence des acides lui donne de la stabilité. Il prend feu au contact d'un corps enflammé, en donnant de l'azote, de l'anhydride carbonique et de l'eau. En présence des métaux, il se comporte comme l'acide chlorhydrique, et donne lieu à un dégagement d'hydrogène et à un cyanure. C'est un acide faible qui ne décompose pas les carbonates.

L'acide cyanhydrique est un poison violent dont l'action est foudroyante.

L'acide cyanhydrique existe en faible quantité dans les feuilles du laurier-cerise et du pêcher, les amandes des fruits du pêcher, du cerisier, de l'abricotier. Il n'y existe pas tout formé, mais se développe sous l'action de l'eau; de là les propriétés toxiques de l'infusion de feuilles de pêcher. Le kirsch et l'eau de noyau lui doivent leur arome.

287. Cyanures. — L'acide cyanhydrique est monobasique; il forme avec les métaux des composés (*cyanures*) analogues aux chlorures, bromures et iodures. Les cyanures alcalins donnent, avec une dissolution de sulfate ferreux exposée à l'air, un précipité vert qui devient bleu foncé (*bleu de Prusse*) en ajoutant quelques gouttes d'acide chlorhydrique.

Les cyanures insolubles dans l'eau se dissolvent, en général, dans les cyanures alcalins, en fournissant des cyanures doubles. Les cyanures doubles de fer et d'un autre métal sont considérés comme des cyanures simples dans lesquels entre le radical tétravalent $FeCy^6$, appelé *ferrocyanogène* ou *cyanofer* : le cyanure double de potassium et de fer $FeCy^2$, $4KCy$, s'écrit donc $FeCy^6K^4$.

Deux molécules d'un ferrocyanure, en s'unissant avec perte de deux atomes du métal, engendrent les *ferricyanures* :

$$2FeCy^6K^4 - K^2 = Fe^2Cy^{12}K^6.$$

Dans ces composés, on peut aussi envisager l'existence du radical hexavalent Fe^2Cy^{12}.

Les ferricyanures proviennent de l'action, sur un ferrocyanure, de corps comme l'oxygène et le chlore, capables de leur prendre une partie du métal.

Le plus important des cyanures est celui de potassium employé pour les bains d'argenture et de dorure galvaniques, ainsi que pour l'extraction de l'or, soluble dans ce cyanure.

288. *Expériences simples.* — *Anhydride carbonique.* Préparer de l'anhydride carbonique en faisant agir de l'acide chlorhydrique sur de la craie. A défaut d'acide chlorhydrique, on peut employer du vinaigre (acide acétique).

Montrer que l'anhydride carbonique est plus lourd que l'air, par l'expérience des deux éprouvettes et en le siphonnant.

Faire flotter des bulles de savon à la surface d'une couche de gaz carbonique renfermé dans un récipient à large ouverture.

En faire constater la saveur en faisant aspirer par un tube le gaz contenu dans un flacon.

Montrer qu'il n'entretient pas la combustion.

Faire arriver le gaz qui se dégage dans de la teinture de tournesol qui prend la coloration rouge vineux, coloration donnée par les acides faibles, tandis que les acides forts, comme l'acide chlorhydrique, donnent la coloration rouge pelure d'oignon.

Faire dégager le gaz dans de l'eau de chaux qui d'abord se trouble, par suite de la formation de carbonate de calcium insoluble, puis redevient claire, parce que le carbonate de calcium se transforme en bicarbonate de calcium soluble.

On peut répéter simplement les deux expériences précédentes en soufflant, à l'aide d'un tube de verre, dans une dissolution de tournesol ou dans de l'eau de chaux.

Renouveler l'expérience déjà faite, avec de l'eau de chaux exposée à l'air dans une assiette, pour montrer l'existence du gaz carbonique dans l'atmosphère.

Le gaz carbonique est absorbé par la potasse : dans un tube à essais plein de ce gaz, introduire un fragment de potasse caustique, fermer avec le pouce, agiter, puis ouvrir sous l'eau : le tube se remplit complètement.

Sulfure de carbone. Faire brûler du sulfure de carbone dans une assiett . et constater le dégagement d'anhydride sulfureux à l'aide du papier de tournesol préalablement mouillé et coloré en bleu.

Répéter l'expérience dans une éprouvette : il se forme un dépôt de soufre.

Rappeler l'expérience sur la dissolution du soufre, dans le sulfure de carbone (144).

CHAPITRE XXIII

Silice. — Silicates.

SILICE OU ANHYDRIDE SILICIQUE

Formule : SiO^2. — Poids moléculaire $= 60$.

289. Silice. État naturel. — La *silice*, ou *anhydride silicique*, est une combinaison de l'oxygène avec un métalloïde appelé *silicium*. La silice est très abondante dans la nature; on l'y rencontre sous différentes formes : 1° à l'état de *cristal de roche* ou *quartz hyalin*, constitué par de la silice pure et cristallisée; 2° à l'état d'*améthyste*, minéral violet et transparent, qui est du quartz coloré par de l'oxyde de manganèse; 3° la *calcédoine* est une variété de silice translucide ou opaque, tantôt incolore, tantôt colorée par des matières étrangères; 4° l'*agate*, la *cornaline*, le *silex* ou *pierre à fusil*, le *jaspe* sont des variétés de silice différemment colorées par des matières étrangères; 5° l'*opale* est un hydrate de silice; 6° les *grès* sont des amas de grains de silice, ordinairement empâtés dans un ciment calcaire ou argileux; 7° on trouve aussi la silice à l'état de sable fin et à l'état de pierre meulière; 8° on la rencontre encore en dissolution dans les eaux de rivière et dans les *geysers* d'Islande, sources jaillissantes d'eau chaude, qui s'élèvent parfois à une hauteur de 50 mètres.

290. Préparation de la silice dans les laboratoires. — On prépare la silice dans les laboratoires en versant de l'acide chlorhydrique ou de l'acide sulfurique dans une dissolution de silicate de potassium ou de sodium. En agitant, on voit le mélange liquide se transformer en une substance solide humide, qui est de la silice mise en liberté par l'action de l'acide.

Ce produit, nommé *silice gélatineuse*, correspond à la formule : $3SiO^2 + 2H^2O$; chauffé à 120 degrés, il perd une molécule d'eau ; calciné au rouge, il devient anhydre, et constitue l'anhydride silicique amorphe, SiO^2.

Si, pour préparer la silice, on étend d'une fois leur volume d'eau la dissolution de silicate de potassium et l'acide chlorhydrique et qu'on mélange ces liquides, il ne se forme pas de dépôt : la silice produite reste en dissolution, c'est de la *silice soluble*. Mais, au bout de quelques jours, le liquide se prend en une masse ayant l'aspect et la consistance de la gélatine. La silice ainsi produite, chauffée au rouge, se transforme aussi en anhydride silicique.

291. Propriétés physiques. — La silice cristallisée est incolore lorsqu'elle est pure ; elle est très dure, et raie le verre ; sa densité est 2,6. Elle ne peut être fondue qu'à une température très élevée, comme celle que produit le chalumeau oxhydrique (194).

La silice gélatineuse est légèrement soluble dans l'eau et les lessives alcalines ; l'eau chargée de gaz carbonique en dissout une assez forte proportion ; c'est grâce à cette solubilité que les végétaux peuvent l'absorber et la fixer dans leurs tissus : la rigidité de la tige des graminées est due à la silice que ces plantes renferment.

292. Propriétés chimiques. — Les métalloïdes, sauf le carbone, sont sans action sur la silice. A une température très élevée, comme celle de l'arc électrique, le carbone enlève l'oxygène de la silice en formant de l'oxyde de carbone, et il se forme un *siliciure de carbone*, employé pour faire des meules très dures destinées au polissage des pierres.

Les métaux suivants : potassium, sodium, magnésium, aluminium, décomposent la silice en s'oxydant ; l'oxyde formé se combine avec l'excès de silice en produisant un *silicate*.

Le fer, le cuivre et le platine n'agissent pas sur la silice, même à une température élevée ; cependant, si l'on ajoute du charbon au mélange et qu'on chauffe le tout, le charbon s'empare de l'oxygène de la silice, et le silicium qui résulte de cette réaction se combine avec le métal en formant soit du *ferrosilicium*, soit du *bronze de silicium*, soit du *siliciure de platine*. Le plus important de ces corps est le bronze de silicium qui, fondu avec 300 ou 400 fois son poids de cuivre, donne le *bronze silicié*, très employé, aujourd'hui, à la place des fils de cuivre, comme conducteur électrique.

La silice n'est attaquée par aucun acide, sauf par l'acide fluorhydrique employé, pour cette raison, dans la gravure sur verre (128).

293. Applications. — La silice a des usages très nombreux : le quartz est employé pour faire des verres d'optique ; l'agate sert à faire des mortiers très résistants et des brunissoirs ; les pierres meulières sont exploitées pour les meules de moulin ; les meules à aiguiser sont en grès plus ou moins fin ; les grès servent encore au pavage ; le sable est utilisé pour la fabrication des mortiers et de tous les genres de verres ; on l'emploie aussi dans la soudure des métaux, pour dissoudre les oxydes formés. Le tripoli, employé pour le polissage, est une variété de silice à grain très fin, provenant de l'accumulation d'algues marines nommées *diatomées*.

204. Silicates. — A la silice ou anhydride silicique, SiO^2, correspondent plusieurs acides dont le plus important est l'acide silicique SiO^3H^2, qui est bibasique et forme de nombreux sels ou silicates.

Les silicates se rencontrent en abondance dans la nature. Ce sont des corps insolubles dans l'eau et dans les acides, excepté les silicates de potassium et de sodium.

On peut préparer artificiellement des silicates de potassium ou de sodium en chauffant et en fondant ensemble du sable fin avec du carbonate de potassium ou de sodium :

le carbonate est décomposé, l'anhydride carbonique se dégage à l'état de gaz, et la silice prend sa place.

Les silicates de potassium et de sodium sont des produits commerciaux, livrés à l'état de sirop épais. Ils sont employés à différents usages, notamment pour durcir le plâtre et la pierre calcaire qui sert aux constructions. Cette opération, qu'on désigne sous le nom de *silicatisation*, se fait en badigeonnant ou en arrosant la pierre avec une solution de silicate. A la longue, au contact du calcaire, le silicate de potassium ou de sodium se transforme en silicate de calcium, plus dur et résistant mieux que le calcaire aux actions extérieures de l'air, de la pluie et des vents. Cette opération est maintenant très souvent pratiquée sur les pierres de nos maisons. On a aussi appliqué la silicatisation aux étoffes et aux papiers peints qui, mis ainsi à l'abri du contact de l'air, conservent mieux leurs couleurs.

Le verre et le cristal, dont nous étudierons plus tard la fabrication, sont des silicates de potassium ou de sodium unis à un silicate de calcium, d'aluminium, de fer ou de plomb.

Les silicates naturels sont très abondants dans le sein de la terre; ils forment au moins la moitié des minéraux connus. Ils servent, à l'état de *pierres précieuses* ou *gemmes*, à la confection des bijoux : la *topaze*, pierre jaune, est un fluosilicate d'aluminium; le *grenat oriental*, pierre recherchée pour sa belle couleur rouge, est un silicate double d'aluminium et de fer; l'*émeraude* et l'*aigue-marine*, d'une belle couleur verte, sont des silicates doubles d'aluminium et de glucinium; la *lasulite outremer* est un silicate double d'aluminium et de sodium, dont la couleur bleue était autrefois très recherchée par les peintres. Le *bleu d'outremer*, qu'on tire en petites quantités de la Chine et de la Perse, est préparé avec cette pierre. On le prépare aujourd'hui de toutes pièces, et on l'emploie à l'azurage du linge, du papier, dans l'impression des tissus et la fabrication des papiers de tenture.

Indépendamment de ces silicates naturels assez rares, nous citerons un certain nombre de silicates très abondants : le *feldspath*, qui sert dans la fabrication de la porcelaine, est un silicate double d'aluminium et de potassium ; les *micas* sont des silicates de composition variée, qui se laissent diviser en lames feuilletées, transparentes, qu'on emploie dans la confection de verres de lampe, d'abat-jour, de fumivores tournants ; les *argiles*, employées dans la fabrication de la porcelaine et des poteries, etc., sont des silicates d'aluminium. Citons encore le *talc*, appelé aussi *craie de Briançon, savon des bottiers*, qui est un silicate de magnésium. Il est employé par les tailleurs pour tracer des lignes à la surface des étoffes ; en poudre, il sert aux bottiers pour rendre plus onctueuse la surface interne de nos chaussures, et permettre, lorsqu'elles sont neuves, d'y faire pénétrer plus facilement les pieds. La *magnésite* est un silicate de magnésium hydraté, qui sert à dégraisser.

Les minéraux désignés sous le nom de *serpentine*, d'*amphibole*, de *pyroxène*, sont aussi des silicates de compositions diverses.

Enfin les silicates d'aluminium ou *argiles* sont la base de la fabrication de toutes les poteries.

295. *Expériences simples.* — Montrer divers échantillons de silice naturelle.

Chauffer au rouge 1 partie de sable avec 3 ou 4 parties de soude du commerce ; après fusion, couler sur un corps froid : on obtient un verre soluble qui, pulvérisé, se dissout dans l'eau bouillante (*liqueur des cailloux*).

Verser de l'acide chorhydrique dans cette dissolution : on obtient de la silice gélatineuse. Mettre une petite quantité de cette silice dans l'eau, elle se dissout très peu ; mais, si l'on souffle dans le liquide avec un tube de verre, la dissolution se fait assez rapidement, grâce à la présence du gaz carbonique

Acide borique. — Borax.

ACIDE BORIQUE

Formule : BO^3H^3. — Poids moléculaire $= 62$.

206. État naturel. Extraction. — L'acide borique se trouve soit dans les eaux des *lagoni* de Toscane, soit dans des gisements de borate de calcium qu'on rencontre dans les pays suivants : Californie, Chili, Asie-Mineure, Bolivie et Pérou.

Extraction de l'acide borique des « lagoni ». — En certains points de la Toscane, le sol est crevassé, et de ces crevasses sortaient autrefois des jets de vapeur appelés *soffioni*; aujourd'hui, on creuse des trous pour déterminer l'apparition des jets. On les entoure de petits murs en maçonnerie, qui forment des bassins (fig. 125), où arrive l'eau de sources voisines. Les jets de vapeur amènent de l'acide borique dans ces eaux qui s'échauffent; en passant de bassin en bassin elles se concentrent, puis laissent déposer l'acide borique en se refroidissant.

Outre l'acide borique, on recueille du borate de sodium et du sulfate d'ammonium.

Extraction de l'acide borique du borate de calcium. —

On pulvérise le borate de calcium, puis on le traite par l'acide sulfurique étendu : il se forme un dépôt de sulfate de calcium, et l'acide borique reste en dissolution. On pourrait recueillir l'acide borique en faisant évaporer cette dissolution; mais, généralement, on le transforme en *borax*.

207. Propriétés. — L'acide borique dérive d'un

métalloïde, le *bore*, qui est un corps solide en poudre amorphe.

L'acide borique se présente sous forme de lamelles cristallines incolores. L'eau en dissout $\frac{1}{35}$ de son poids.

L'alcool le dissout en plus grande proportion, et, quand on l'enflamme, sa flamme prend une teinte verte caracté-

Fig. 125. — Lagoni de Toscane.

ristique. Chauffé, il fond, se boursoufle et, en perdant de l'eau qui s'évapore, se transforme en anhydride borique :

$$2BO^3H^3 \quad = \quad B^2O^3 \quad + \quad 3H^2O$$

<table>
<tr><td>Acide
borique.</td><td>Anhydride
borique.</td><td>Eau.</td></tr>
</table>

Exposé à l'air, l'anhydride borique s'hydrate et repasse à l'état d'acide borique.

298. Usages. — L'acide borique est très employé comme antiseptique; l'*eau boriquée*, utilisée pour l'usage externe, est une dissolution d'acide borique à raison de 30 grammes par litre d'eau.

L'acide borique sert aussi dans la préparation de la mèche des bougies; il forme, en brûlant, à l'extrémité de la mèche, une petite perle vitreuse qui recourbe celle-ci en dehors, ce qui en assure la combustion continue.

On emploie encore l'acide borique dans la céramique, a métallurgie, et pour la préparation du *borate de sodium* ou *borax*.

299. Borax : $B^4O^7Na^2$. Préparation. — On prépare le borax en ajoutant de l'acide borique à une dissolution chaude de carbonate de sodium :

$$4BO^3H^3 + CO^3Na^2 = B^4O^7Na^2 + CO^2 + 6H^2O$$

Acide borique.	Carbonate de sodium.	Borax.	Anhydride carbonique.	Eau.

300. Propriétés et usages du borax. — Le borax de formule $B^4O^7Na^2 + 10H^2O$ est un sel blanc, peu soluble dans l'eau froide (environ 100 gr. par litre), mais plus soluble dans l'eau chaude (500 gr. à 100°).

Si l'on chauffe du borax, il fond d'abord, puis se boursoufle; quand il a perdu son eau, il subit la *fusion ignée*, et, après refroidissement, il se présente sous la forme d'une masse vitreuse transparente.

Le borax fondu jouit de la propriété de dissoudre les oxydes métalliques; aussi l'emploie-t-on pour souder les métaux. Les surfaces à souder étant saupoudrées de borax et chauffées, l'oxyde se dissout dans le borax fondu, à mesure qu'il se forme, et les deux surfaces métalliques se trouvent ainsi mises à nu, condition indispensable d'une bonne soudure.

Suivant l'oxyde dissous, le borax prend une coloration variable : bleue avec l'oxyde de cobalt, verte avec l'oxyde de chrome, etc. On utilise cette propriété pour déterminer le métal qui entre dans un oxyde (*analyse par voie* sèche). A cet effet, on chauffe au chalumeau un fil de platine recourbé en anneau, et on le plonge dans du borax en poudre : les parcelles de borax touchées par le fil subissent un commencement de fusion, et y restent attachées. On chauffe l'anneau de nouveau, et le borax retenu forme alors au centre une perle incolore. On met ensuite en contact avec cette perle quelques parcelles de l'oxyde à reconnaître : si l'on continue à chauffer, l'oxyde se dissout, la perle prend une teinte uniforme et une coloration qui permet de reconnaître la nature de cet oxyde.

301. *Expériences simples.* — Montrer de l'acide borique et du borax. Mettre une pincée d'acide borique dans l'alcool d'une lampe, et remarquer la teinte verte de la flamme.

A l'atelier, on utilisera le borax et le sable pour faciliter la soudure de deux barres de fer; faire remarquer que la soudure s'effectue mal, si l'on ne fait pas disparaître les *crasses* ou oxydes formés à la surface des barres portées au rouge.

TABLE DES MATIÈRES

LIVRE PREMIER

CHAPITRE PREMIER

MATÉRIEL DU LABORATOIRE.

CHAPITRE II

INDICATIONS GÉNÉRALES SUR LE MONTAGE DES APPAREILS.

CHAPITRE III

ÉTUDE SOMMAIRE DE QUELQUES CORPS.

CHAPITRE IV

ANALYSE ET SYNTHÈSE.
CORPS SIMPLES ET CORPS COMPOSÉS. — COMBINAISONS ET DÉCOMPOSITIONS CHIMIQUES.

CHAPITRE V

LOIS DES COMBINAISONS EN POIDS ET EN VOLUMES.

CHAPITRE VI

NOMBRES PROPORTIONNELS. — ÉCRITURE CHIMIQUE. VALENCE.

CHAPITRE VII

NOMENCLATURE CHIMIQUE. — ÉQUATIONS CHIMIQUES.

CHAPITRE VIII

HYDROGÈNE.

CHAPITRE IX

OXYGÈNE.

CHAPITRE X

EAU.

CHAPITRE XIV

ANHYDRIDE SULFUREUX.

CHAPITRE XV

ACIDE SULFURIQUE. — SULFATES.

CHAPITRE XVI

AZOTE. — AIR ATMOSPHÉRIQUE.

TABLE DES MATIÈRES

CHAPITRE XVII

AMMONIAQUE. — SELS AMMONIACAUX.

CHAPITRE XVIII

ACIDE AZOTIQUE. — AZOTATES. — NITRIFICATION.

CHAPITRE XIX

PHOSPHORE. — ACIDE PHOSPHORIQUE. — PHOSPHATES. ENGRAIS PHOSPHATÉS.

CHAPITRE XX

ARSENIC. — ANHYDRIDE ARSÉNIEUX.

CHAPITRE XXI

CARBONE.

CHAPITRE XXII

OXYDE DE CARBONE. — ANHYDRIDE CARBONIQUE. SULFURE DE CARBONE. — ACIDE CYANHYDRIQUE.

CHAPITRE XXIII

SILICE. — SILICATES.

CHAPITRE XXIV

ACIDE BORIQUE. — BORAX.

Imp. F. SCHMIDT, 20, rue du Dragon, Paris. — 1-06.